# Python und SMath in der Wärmetechnik

Python und SMath in der Wärmetechnik

Heinz Schmid

# Python und SMath in der Wärmetechnik

Wärmeübertragung, Sonnenenergie, Gasmischungen und Verbrennungsrechnung

Heinz Schmid
Fraham, Österreich

ISBN 978-3-662-70229-1      ISBN 978-3-662-70230-7   (eBook)
https://doi.org/10.1007/978-3-662-70230-7

Die Deutsche Nationalbibliothek verzeichnet diese Publikation in der Deutschen Nationalbibliografie; detaillierte bibliografische Daten sind im Internet über https://portal.dnb.de abrufbar.



Planung/Lektorat: Alexander Grün
Springer Vieweg ist ein Imprint der eingetragenen Gesellschaft Springer-Verlag GmbH, DE und ist ein Teil von Springer Nature.
Die Anschrift der Gesellschaft ist: Heidelberger Platz 3, 14197 Berlin, Germany

Wenn Sie dieses Produkt entsorgen, geben Sie das Papier bitte zum Recycling.

# Vorwort

Dieses Buch ist an den Schnittstellen zwischen der Theorie der Ingenieursdisziplin, der Thermodynamik und ihrem für die praktische Anwendung in der Wärmetechnik wichtigen Teilgebiet der Wärmeübertragung einerseits und der Anwendersoftware für technische Berechnungen wie SMath und MathCAD bzw. der Softwareentwicklung im Bereich der Wärmetechnik mit Python anderseits, angesiedelt.

Es ist kein Python Lehrbuch und kein klassisches Thermodynamik Lehrbuch, wenngleich die grundlegenden Gleichungen der Thermodynamik und Wärmeübertragung im ersten Kapitel des Buches vorhanden sind. Im dritten Kapitel werden die vorhandenen Python-Programme natürlich kommentiert.

Auch auf der Erstellung eines Wärmeaustauscher-Programms mit einer GUI in Python wird eingegangen. Wo immer sinnvoll und möglich wird auf mächtige Python Bibliotheken zurückgegriffen.

Es sind aber auch wichtige Querverweise für die Einbettung dieser Fachgebiete in die aktuellen Problematiken und Krisen vorhanden.

Wir befinden uns im ‚Menschgemachten Zeitalter' dem Anthropozän. Durch unsere nermessliche Gier nach fossilen Brennstoffen haben wir uns den dramatischen Klimawandel eingehandelt.

Es sollen vor allem auch Lösungen für einen Teil unserer Probleme, mit aus Regenerativen Energien in Form von Sonnen, Wind oder Wasserkraft gewonnen grünen Wasserstoff z. B. für die Umweltschonende Erzeugung von Stahl, aufgezeigt werden.

Ich freue mich über konstruktive Rückmeldungen:
*Waermetech_Python@gmx.net*

Eferding
September 2024

Heinz Schmid

# Formelzeichen und Einheiten

| Formel zeichen | Einheiten | Bezeichnungen |
| --- | --- | --- |
| a | $[m^2/s]$<br>$[m]$<br>$[/]$ | Temperaturleitfähigkeit<br>Länge<br>Absorption |
| A | $[m^2]$ | Fläche |
| $A^{-1}$ | | Inverse Matrix |
| b | $[m]$ | Breite<br>Bezug |
| $\vec{b}$ | | Konstantenvektor |
| B | $[J]$ | Anergie |
| Bi | $[/]$ | Biotzahl |
| c | $[J/kg\ K]$<br>$[m/s]$ | Spezifische Wärmekapazität<br>Lichtgeschwindigkeit |
| C | $[/]$<br>$[W/K]$ | Konstante<br>Wärmekapazitätsstrom |
| d | $[/]$ | Durchlässigkeit |
| D | $[m]$ | Durchmesser |
| e | | Eulersche Zahl |
| $\dot{e}$ | $[W/m^3]$ | Wärmequellendichte |
| E | $[J]$<br>$[J]$ | Energie<br>Exergie |
| f | $[/]$ | Funktion<br>Reduktionsfaktor |
| Fo | $[/]$ | Fourier-Zahl |
| g | $[m/s^2]$<br>$[Gew.\%/100]$ | Erdbeschleunigung<br>Gewichtsanteile |
| G | $[J]$ | Freie Enthalpie |

| Formel zeichen | Einheiten | Bezeichnungen |
|---|---|---|
| h | [J s] <br> [m] | Planck'sches Wirkungsquantum <br> Höhe |
| H | [J] | Enthalpie |
| Ho | $[MJ/kg]\ [MJ/m^3_N]$ | Heizwert |
| Hu | $[MJ/kg]\ [MJ/m^3_N]$ | Brennwert |
| I | [A] | Stromstärke |
| k | [J/K] <br> $[W/m^2 K]$ | Bolzmannkonstante <br> Wärmedurchgangszahl |
| L | [m] | Länge <br> Luftbedarf |
| m | [kg] | Masse <br> Exponent |
| $\dot{m}$ | [kg/s] | Massenstrom |
| M | [kg/kmol] | Molmasse |
| n | | Luftwechselzahl <br> Exponent |
| Nu | [/] | Nußeltzahl |
| p | [Pa] | Druck |
| P | | Anzahl Personen <br> Dimensionslose Temperaturänderungen |
| Pr | [/] | Prandtlzahl |
| q | [J/kg] | Spezifische Wärme |
| $\dot{q}$ | $[W/m^2]$ | Spezifischer Wärmestrom |
| Q | [J] | Wärme |
| $\dot{Q}$ | [W] | Wärmestrom |
| r | [m] <br> [Vol.%/100] <br> [/] | Radius <br> Raumanteile <br> Reflexion |
| R | $[K\ m^2 / W]$ <br> [J / kg K] | Wärmewiderstand <br> Gaskonstante |
| Ra | [/] | Rayleigh-Zahl |
| Re | [/] | Reynoldszahl |
| s | [m] | Wandstärke, Spaltbreite |
| S | [J/K] <br> [h] | Entropie <br> Taglänge |
| t | [s] | Zeit |
| T | [K] | Temperatur |

| Formelzeichen | Einheiten | Bezeichnungen |
|---|---|---|
| U | [J]<br>[V]<br>[W/m$^2$K] | Innere Energie<br>Spannung<br>Wärmedurchgangszahl – Gebäudetechnik |
| V | [m$^3$] | Volumen |
| $V_M$ | [m$^3_N$/kmol] | Loschmidt-Konstante |
| w | [m/s]<br>[J/kg] | Geschwindigkeit<br>Spezifische Arbeit |
| W | [J] | Arbeit |
| x | | Richtung, Stelle |
| $\vec{x}$ | | Lösungsvektor |
| Y | | Richtung |
| Z | | Richtung |
| $\alpha$ | [W/m$^2$K] | Wärmeübergangszahl |
| $\beta$ | [°] | Winkel<br>Isobarer Ausdehnungskoeffizient |
| $\gamma$ | [°] | Sonnenhöhe |
| $\delta$ | [°] | Deklinationswinkel |
| $\Delta$ | | Differenz |
| $\varepsilon$ | [/] | Leistungsziffer, Effektivität, Verhältnis<br>Emissionsgrad |
| $\zeta$ | [/] | Widerstandsbeiwert |
| $\eta$ | [/]<br>[Pa s] | Wirkungsgrad<br>Dynamische Zähigkeit |
| $\kappa$ | [/] | Isentropenexponent |
| $\lambda$ | [W/m K]<br>[/]<br>[$\mu$m]<br>[°] | Wärmeleitfähigkeit<br>Luftüberschusszahl<br>Wellenlänge<br>Längengrad |
| $\nu$ | [m$^2$/s] | Kinematische Zähigkeit |
| $\rho$ | [kg/m$^3$] | Dichte |
| $\sigma_s$ | [W/m$^2$K$^4$] | Stefan-Boltzmannzahl |
| $\varphi$ | [°] | Einstrahlungszahl<br>Breitengrad |
| $\Psi$ | [°] | Winkel |
| $\Psi$ | [°] | Sonnenazimut |
| $\omega$ | [°] | Stundenwinkel |

# Index

| | |
|---|---|
| lam | Laminar |
| L | Länge, Luft |
| m | Mittlere |
| min | Minimum |
| mix | Mischung |
| M | Molar |
| N | Bis N, Nutz, Normzustand, Nachbar |
| o | Obere |
| opt | Optimal |
| p | Isobar |
| par | Parallel |
| pot | Potentielle |
| proj | Projektion |
| q | Quellen |
| r | Rippe |
| s | Wärmestrahlung, Sonne |
| sol | Solar |
| str | Strahlung |
| SA | Sonnenaufgang |
| SU | Sonnenuntergang |
| SZ | Sonnenzeit |
| t | Technische, transmission |
| tat | Tatsächlich |
| th | Thermisch |
| tr | trocken |
| turb | turbulent |
| u | Untere, unterer |
| v | Isochor |
| V | Volumsänderung |
| w | Wellen |
| W | Wand |
| WP | Wärmepumpe |
| z | Zu |
| 0,1,2 | Zustände, laufender Index |
| $\infty$ | Außerhalb der Grenzschicht |

# Inhaltsverzeichnis

# Abkürzungsverzeichnis

| | |
|---|---|
| AE | Astronomische Einheit |
| AM | Air Mass |
| API | Application Programming Interface |
| CAD | Computer Aided Design |
| CAS | Computer Algebra System |
| CCS | Carbon capture and storage |
| COP | Coeffient of performance |
| DGL | Differentialgleichung |
| EAF | Electric Arc Furnace |
| EKZ | Energiekennzahl |
| FCKW's | Fluor-Chlor-Kohlenwasserstoffe |
| FDM | Finite Differenzen Methode |
| FEM | Finite Elemente Methode |
| FORTAN | Formula Translation System |
| GL | Gleichstrom |
| GG | Gegenstrom |
| GuD | Gas- u. Dampfturbinen – Kraftwerk |
| GUI | Graphical User Interface |
| GTZ | Gradtagszahl |
| GWP | Global Warming Potential |
| HT | Heiztage |
| http | Hypertext Transfer Protocol |
| IDLE | Integrated Development and Learning Environment |
| LMTD | Logarithmic Mean Temperature Difference |
| LST | Lokale Standardzeit |
| NTU | Number of Transfer Units |
| OPD | Ozone Depletion Potential |
| ORC | Organic Rankine Cycle |
| ppm | Parts per million |
| PV | Photo Voltaik |

| | |
|---|---|
| SZ | Sonnenzeit (solar time) |
| TEMA | Turbular Exchanger Manufactures Association |
| TW | Tageswinkel |
| VDI | Verband Deutscher Ingenieure |
| WBGT | Wet Bulb Globe Temperature |
| WT | Wärmetauscher, Wärmeaustauscher |
| www | World Wide Web |
| ZG | Zeitgleichung |

# Abbildungsverzeichnis

# Wärmetechnikgrundlagen

## 1.1 Einleitung

Eine der größten Herausforderungen unserer Zeit ist der menschgemachte Klimawandel und die damit verbundene notwendige Energiewende um den Ausstoß der Treibhausgase zu reduzieren und die Stoffströme so wie in der Natur in Kreisläufen zu halten. Wir haben in einigen Bereichen die planetaren Grenzen bereits erreicht bzw. schon überschritten.

Die Energiewende wiederum steht auf drei Säulen der Stromwende, der Verkehrswende und der Wärmewende. Diese Wärmewende umfasst rund 50 % des Endenergieverbrauchs und rund 30 % des $CO_2$ Ausstoßes.

Die technischen Maßnahmen der Wärmewende umfassen die Bereiche: Solarthermie, Geothermie, die Abwärmenutzung und ihre Einspeisung in Fernwärmenetzen, die Nutzung der Umweltenergien mithilfe von Wärmepumpen, die Nutzung von Biomasse speziell von Biogas, die Wasserstoffwirtschaft und nicht zu vergessen die energetische und thermische Sanierung des Gebäudebestands.

All dem liegen unterschiedliche Temperaturbereiche zugrunde. Der Niedertemperaturbereich für Raumheizungen (Vorlauftemperatur 35 bis 55 [°C]) und für Warmwasser (Vorlauftemperatur 45–65 [°C]) sowie der Hochtemperaturbereich mit der Prozesswärme ( > 100 [°C]) für die Industrie.

Einige der Berechnungstechnischen Grundlagen dazu werden in diesem Buch behandelt. Aber die Wärmetechnik beschränkt sich natürlich nicht nur auf die so wichtige Wärmewende, sondern umfasst auch Bereiche wie die Luft- und Raumfahrt (z. B. auf

**Ergänzende Information** Die elektronische Version dieses Kapitels enthält Zusatzmaterial, auf das über folgenden Link zugegriffen werden kann https://doi.org/10.1007/978-3-662-70230-7_1.


H. Schmid, *Python und SMath in der Wärmetechnik*,
https://doi.org/10.1007/978-3-662-70230-7_1

den Mond haben wir einen Temperaturbereich von -100 [°C] bis 100 [°C]), die Kühlung von Elektronikkomponenten (z. B. im PC) und thermische industrielle Herstellungsverfahren, um nur einige zu nennen.

Im Grunde geht es in der Wärmetechnik immer um das Erhöhen, Absenken oder Konstant halten von Temperaturen. Erhöhen bzw. Absenken der Temperaturen durch Energie-Zufuhr bzw. Energie-Abfuhr. Dies wird oft über Wärmetauscher (Wärmeaustauscher) realisiert. Damit wären wir schon beim ersten Hauptsatz der Thermodynamik. Der besagt, dass Energie weder erzeugt noch vernichtet, sondern nur umgewandelt werden kann. Da die Sonne das rund zehntausendfache unseres derzeitigen Energiebedarfs im Jahresmittel einstrahlt, ist also klar, dass wir keinen Energiemangel, sondern nur einen Mangel an regenerativen Energieumwandlungsanlagen haben.

Natürlich werden dabei Energiespeicher immer wichtiger, um Dunkelphasen und Windflauten zu überbrücken. Wenn es sich dabei um thermische Speicher handelt, ist also die Wärmeisolation für ein konstant halten der Temperatur von größter Wichtigkeit.

Diese thermischen Speicher können in Niedertemperaturspeicher (bis 100 [°C] meist mit Wasser) in Mitteltemperaturspeicher (100 bis 500 [°C] meist mit Salzschmelzen) und Hochtemperaturspeicher ( T > 500 [°C] mit Sand, Steinen oder Ziegel) eingeteilt werden.

Viele unserer Energieumwandlungsanlagen beruhen auf Kreisprozessen. Diese haben einen physikalischen Grenzwert als Umwandlungswirkungsgrad: den Carnotschen Wirkungsgrad.

$$\eta_c = 1 - \frac{T_u}{T_o} \tag{1.1}$$

Dabei ist $T_o$ die obere Temperatur in [K], bei der dem Kreisprozess die Wärme zugeführt wird. Sie ist nach oben hin, natürlich durch die Festigkeit des Werkstoffes, begrenzt. Die zugeführte Wärme kann dabei aus der durch Verbrennung freigesetzten chemischen Energie eines Brennstoffes stammen, oder aus Sonnenenergie (Dish – Stirling) bzw. Geothermie. Sie könnte aber auch aus einem Kernspaltungsprozess oder Kernverschmelzungsprozess wie bei der Atomkraft bzw. in Zukunft bei der Kernfusion stammen.

Es muss aber auch ein Wärmestrom bei der unteren Temperatur $T_u$ [K] abgeführt werden. Es ist also eine Kühlung der Umwandlungsmaschine (Gasturbine, Otto-Motor, Diesel-Motor, Stirling-Motor) oder der Umwandlungsanlage (Dampfkraftwerk, Atomkraftwerk, Fusionskraftwerk) notwendig.

Diese Abwärme kann genutzt werden und durch die Einspeisung in ein Fernwärmenetz kann so der Gesamtwirkungsgrad auf über 80 % gesteigert werden. Durch die Kombination einer Gasturbine und einer Dampfturbine in einem GuD – Kraftwerk können Umwandlungswirkungsgrade von derzeit bis zu 61 % bei der Erzeugung von elektrischem Strom erreicht werden.

In den kommenden Jahrzehnten ist für diese GuD Kraftwerke der Umstieg auf regenerativen Wasserstoff unumgänglich, ihr Einsatz ist zur Stabilisierung der Stromversorgungsnetze aber weiterhin sinnvoll. In Ländern mit höherer Sonneneinstrahlung ist aber auch der Bau von Solarthermischen Hochtemperatur GuD – Kraftwerken möglich.

Diese können mit ihren hohen Wirkungsgraden gegenüber den Photovoltaik Kraftwerken wahrscheinlich auch in Zukunft bestehen.

Über eine Absorptionskältemaschine kann dabei aus dieser Abwärme auch Kälte produziert werden, um dann in Fernkältenetzen zur Kühlung von Gebäuden verwendet zu werden.

Damit wären wir bei der Definition der Leistungsziffer für Wärmepumpen bzw. Kältemaschinen. Auch hier gibt es natürlich eine physikalische Grenze mit der Carnotleistungziffer.

$$\varepsilon_{WP,C} = \frac{T_o}{T_o - T_u} = \varepsilon_{KM,C} + 1 \tag{1.2}$$

$$\varepsilon_{KM,C} = \frac{T_u}{T_o - T_u} \tag{1.3}$$

Allgemein gilt für die Leistungsziffer $\varepsilon$ einer Wärmepumpe:

$$\varepsilon_{WP} = \frac{q_{ab}}{w} \tag{1.4}$$

Es gilt wie beim Wirkungsgrad die allgemeine Definition: Nutzen zu Aufwand. Der Aufwand bei der Wärmepumpe ist nur die Arbeit des Kolbenkompressors, die Umweltenergie steht ja gratis zur Verfügung. Dieses Verhältnis ist aber größer als eins und darf nicht als Wirkungsgrad bezeichnet werden. Die übliche internationale Bezeichnung ist COP – coeffient of performance.

Die Leistungsziffer einer Kältemaschine ist das Verhältnis der dem Kühlraum entzogenen Wärme zur aufzuwendenden Arbeit.

$$\varepsilon_{KM} = \frac{q_{zu}}{w} \tag{1.5}$$

## 1.2  Thermodynamik

### 1.2.1  Einleitung

Wir beschäftigen uns hier mit der sogenannten klassischen Thermodynamik, mit den Stoffgrößen Temperatur T [K], Druck p [Pa] und dem Volumen V [m$^3$], die alle leicht messbar sind und erweitern unseren Thermodynamischen Sprachschatz um die Begriffe Enthalpie und Entropie, um die beiden wichtigsten zu nennen. Sie sind nicht mehr direkt messbar. Entgegen der Bezeichnung Thermodynamik beschreiben wir stationäre Systeme und keine dynamischen instationäre Systeme und wir idealisieren sie. Alle natürlichen und technischen Prozesse sind reibungsbehaftet, also irreversibel. Wir betrachten sie aber als gedachte Grenzfälle, als reibungslose reversible ideale Prozesse.

## 1.2.2  Hauptsätze der Thermodynamik

Als erstes müssen wir unsere Systeme in zwei Grundtypen unterteilen. In offenen Systeme, wie sie bei unseren Wärmetauschern vorliegen und in geschlossene Systeme, im einfachsten Fall ein Zylinder mit einem frei beweglichen Kolben (Abb. 1.1).

## 1.2.3  Erster Hauptsatz der Thermodynamik

Wir müssen die Energien in Wärmeenergie Q [J], Arbeit W [J] und innere Energie U [J] einteilen. Für die offenen Systeme benötigen wir noch den Begriff der Enthalpie

$$H = U + pV \ [J] \tag{1.6}$$

also innere Energie plus Verschiebearbeit.

### 1.2.3.1  1. HS geschlossene Systeme

$$Q = \Delta U + W \tag{1.7}$$

Q ist dabei die über die Systemgrenzen zu- oder abgeführte Wärmemenge, $\Delta U$ ist die Änderung der inneren Energie des Systems und $W_V$ die Volumsänderungsarbeit. Bei der Verdichtung nimmt das Fluid Arbeit, auf bei der Expansion gibt das Fluid Arbeit ab. Es kann aber auch elektrische Arbeit $W_{el}$ oder Wellenarbeit $W_w$ über die Systemgrenzen zugeführt werden (Abb. 1.2).

Für die Änderung der inneren Energie eines idealen Gases gilt dabei:

$$\Delta U = mc_v(T_2 - T_1) \tag{1.8}$$

Mit $c_v$ [J/kg K] der isochoren spezifischen Wärmekapazität und den Temperaturen T [K] des Anfangs- bzw. Endzustandes des Gases.

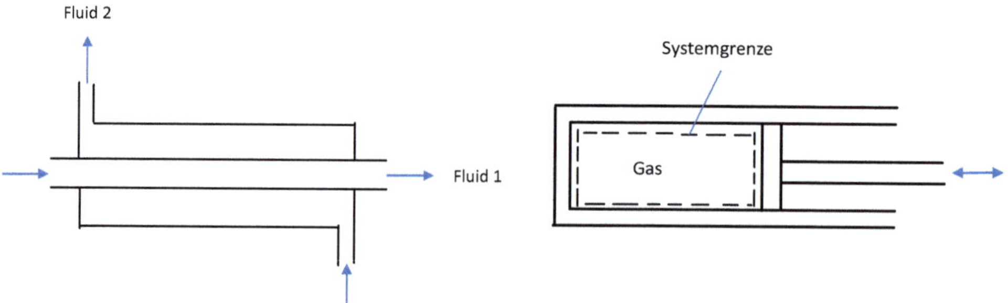


**Abb. 1.1**  Wärmetauscher, Zylinder-Kolben

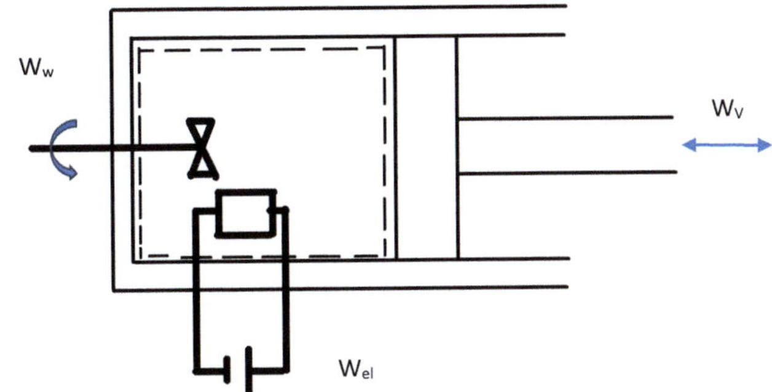

**Abb. 1.2**  Geschlossenes adiabates System



### 1.2.3.2  1. HS offene Systeme

$$Q = \Delta H + \Delta E_{kin} + \Delta E_{pot} + W_t \tag{1.9}$$

Siehe Abb. 1.3

Für die Enthalpieänderung eines idealen Gases bei einer isobaren Zustandsänderung gilt:

$$\Delta H = mc_p(T_2 - T_1) \tag{1.10}$$

Mit $c_p$ [J/kg K] der isobaren spezifischen Wärmekapazität eines idealen Gases.

$\Delta E_{kin}$ und $\Delta E_{pot}$ sind die Änderungen der kinetischen bzw. potenziellen Energie des Arbeitsmittels zwischen Ein- und Austritt.

$$\Delta E_{kin} = \frac{m\,v_1^2}{2} - \frac{m\,v_2^2}{2} \tag{1.11}$$

$$\Delta E_{pot} = mgz_1 - mgz_2 \tag{1.12}$$

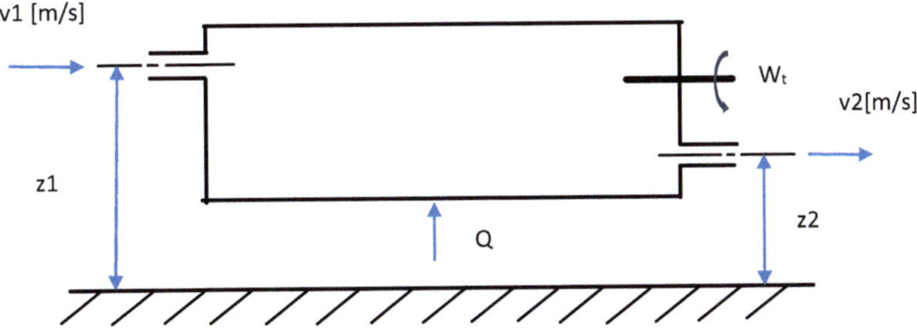



**Abb. 1.3**  Offenes System

Die technische Arbeit kann mit

$$W_t = \int p\, dV \tag{1.13}$$

berechnet werden.

### 1.2.3.3  1. HS für Kreisprozesse

Die Änderung der inneren Energie des Arbeitsmittels für einen Kreisprozess ist gleich Null. Damit folgt für den 1. HS:

$$Q_N = W_N \tag{1.14}$$

Wobei für die Nutzwärme und die Nutzarbeit gilt:

$$Q_N = Q_{zu} - Q_{ab} \tag{1.15}$$

$Q_{zu}$ ist die bei möglichst hoher Temperatur zugeführte Wärme und $Q_{ab}$ die Wärme, die an die Umgebung oder das Kühlwasser abgegeben wird. Sinnvoll wäre die Nutzung in einem Fernwärmesystem.

$$W_N = W_{exp} - W_{komp} \tag{1.16}$$

Die Nutzarbeit ist also die Differenz aus einer meist adiabaten Expansion und adiabaten Kompression.

Damit können wir den thermischen Wirkungsgrad eines Kreisprozesses berechnen, wieder als Verhältnis von Nutzen zu Aufwand.

$$\eta_{th} = \frac{W_N}{Q_{zu}} < \eta_C \tag{1.17}$$

## 1.2.4  Zweiter Hauptsatz der Thermodynamik

Der 2. HS der Thermodynamik besagt, dass es keine Maschine gibt, die Wärme aus einer Wärmequelle entnimmt und vollständig in mechanische Energie umwandelt. Wir können also die im Meer gespeicherte Wärme nicht dazu verwenden ein Schiff anzutreiben. Der 1.HS, der Energieerhaltungssatz, würde das ja noch erlauben.

Wir benötigen also einen weiteren Begriff: die Entropie S [J/K], es gilt:

$$\Delta S = \frac{Q_{12}}{T} \tag{1.18}$$

Die Entropie bleibt bei reversiblen Prozessen konstant und nimmt bei irreversiblen Prozessen zu. Sie kann als Maß für die Unordnung in einem System angesehen werden. Steigt die Entropie in einem System an, so ist es in einen wahrscheinlicheren Zustand übergegangen.

Der Anteil der Wärme, die dabei in Arbeit umgewandelt werden kann, wird als Exergie $E_0$ bezeichnet. Es gilt:

$$E_0 = Q\left(1 - \frac{T_u}{T}\right) = Q\,\eta_C \qquad (1.19)$$

Wobei T [K] die Temperatur des Systems und $T_u$ die Umgebungstemperatur ist.

Mechanische Energie, chemische Energie, elektrische Energie sind also reine Exergie. Daher auch die hohen Wirkungsgrade von Brennstoffzellen und noch höheren von Elektromotoren.

Der nicht umwandelbare Anteil wird als Anergie $B_0$ bezeichnet.

$$Q = E_0 + B_0 \qquad (1.20)$$

Für die Berechnung der Brennstoffzellen und von Batteriesystemen benötigen wir noch die Freie Enthalpie, auch als Gibbs-Funktion bezeichnet.

$$G = H - TS \qquad (1.21)$$

## 1.3 Wärmeübertragung

Bei der Wärmeübertragung fließt Energie über Systemgrenzen hinweg, getrieben durch einen Temperaturunterschied.

Streng genommen gibt es nur zwei Arten der Wärmeübertragung: Die Wärmeleitung und die Wärmestrahlung. In der Praxis wird meist die strömungsunterstützte Wärmeleitung also die konvektive Wärmeübertragung als eigene Form der Wärmeübertagung behandelt. Wir wollen diese praxisnahe Einteilung beibehalten.

### 1.3.1 Einleitung

Wir müssen wieder zwischen stationären Problemstellungen, die Temperaturen sind keine Funktion der Zeit und instationären Problemen, die Temperaturen ändern sich mit der Zeit, unterscheiden.

Eine weiter Möglichkeit der Einordnung ist die Unterscheidung in ein- zwei- und dreidimensionale Aufgabenstellungen.

Weiters können Wärmequellen bzw. Wärmesenken oder quellfreie Temperaturfelder vorliegen.

### 1.3.2 Wärmeleitung

Uns interessiert als erstes die reine Wärmeleitung in Festkörpern, diese liegt auch bei ruhenden Flüssigkeiten und ruhenden Gasen vor. Diese reine Wärmeleitung kann mit dem Fourierschen Ansatz, der kein physikalisches Gesetz ist, beschrieben werden.

$$\dot{Q} = -\lambda(\vec{x})A(\vec{x})\,grad\ T \tag{1.22}$$

$$\text{mit}\quad grad\ T = \begin{pmatrix} \frac{\partial T}{\partial x} \\ \frac{\partial T}{\partial y} \\ \frac{\partial T}{\partial z} \end{pmatrix} \tag{1.23}$$

Gradient T, also den partiellen Ableitungen der Temperatur nach, den drei Koordinatenrichtungen.

Oder Koordinaten unabhängig mit dem Nabla-Operator:

$$\nabla T = grad\ T \tag{1.24}$$

Als einfachstes Beispiel erhält man die Wärmestromdichte $\dot{q}$ [W/m$^2$] im stationären 1-dimensionalen Fall ohne Wärmequellen (Abb. 1.4).

$$\dot{q} = -\lambda\frac{\partial T}{\partial x} \tag{1.25}$$

mit $\lambda$ [W/m K], der Wärmeleitfähigkeit als Proportionalitätskonstante und x, der Ortskoordinate.

### 1.3.2.1 Analogie zur Elektrotechnik

Analog zum Ohmschen Gesetz der Elektrotechnik

$$\Delta U = R_{el}I \tag{1.26}$$

können wir einen Wärmeleitwiderstand angeben, es gilt:

$$\Delta T = R_{th}\dot{q} \tag{1.27}$$

Damit folgt für die Reihenschaltung (Abb. 1.5)

$$R_{th,ges} = \sum R_{i,th} \tag{1.28}$$

**Abb. 1.4** Gradient des Temperaturverlaufes

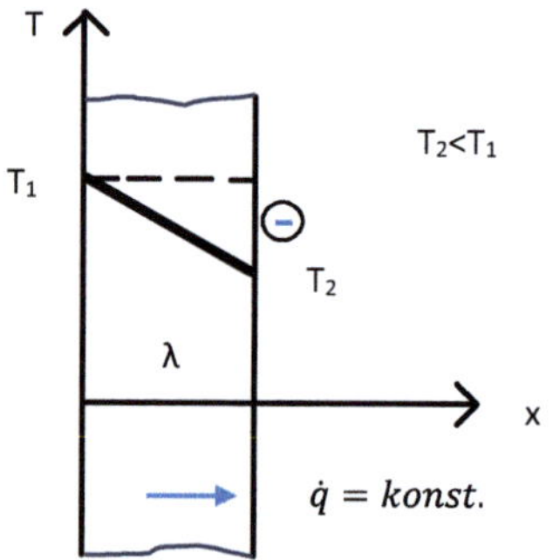

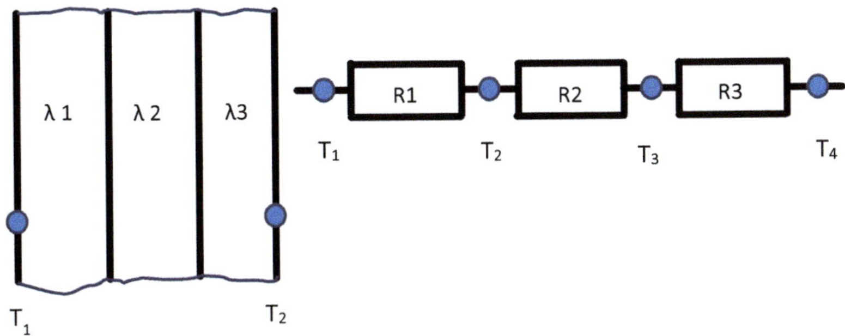

**Abb. 1.5**  Ebene Wand (nur Wärmeleitung)

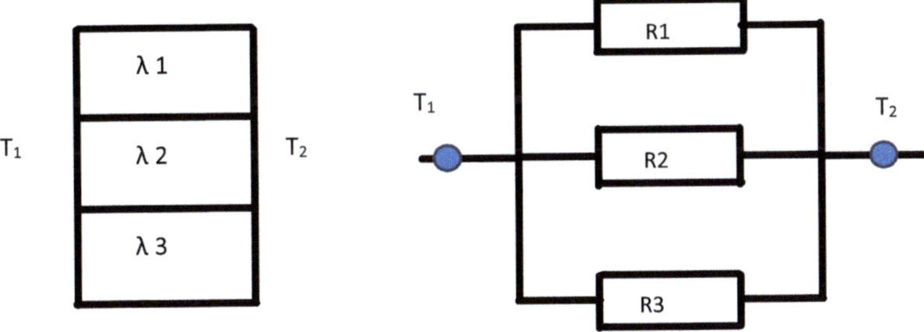

**Abb. 1.6**  Parallelschaltung (nur Wärmeleitung)

als Koppelbedingung bei mehrschichtigen Körpern, wenn der Kontaktwiderstand jeweils gleich null ist.

Bzw. für die Parallelschaltung (Abb. 1.6)

$$\frac{1}{R_{th,ges}} = \sum \frac{1}{R_{i,th}} \tag{1.29}$$

Später werden wir diese Gleichungen mit den Konvektiven Wärmeübergangswiderständen zum Gesamtwiderstand, dessen Kehrwert der Wärmedurchgangskoeffizient ist, erweitern.

### 1.3.2.2 Wärmeleitzahlen

Die besten Wärmeleiter sind Kristalle. Für einen Diamanten liegt die Wärmeleitzahl bei 2300 [W/mK]. Dann kommen die Metalle: reines Silber $\lambda = 418$ [W/mK], reines Kupfer 394 [W/mK], reines Aluminium 229[W/mK], Schmiedeeisen 58 [W/mK] und Stahl $\approx 45$ [W/mK] (Wert je nach Legierung). Jeweils im Temperaturbereich zwischen 0 und 100 [°C]. Für die genauen Werte in Abhängigkeit von der Stahlsorte und der Temperatur sei wieder auf den VDI-Wärmeatlas verwiesen.

Die Gruppe der nichtmetallischen Feststoffe liegt bei Werten um 5 [W/mK], die Flüssigkeiten um 1 [W/mK] und schließlich die Gruppe der Gase mit Werten um 0,05 [W/mK].

Beim Isoliermaterial muss darauf geachtet werden, dass es trocken ist, da sonst die Wärmeleitfähigkeit stark ansteigt.

### 1.3.2.3 Eindimensionale Wärmeleitung

Einer ebenen Wand oder Platte, wieder stationär und ohne innere Quellen oder Senken. Wir nehmen an, dass im betrachteten Temperaturbereich $\lambda \approx$ konst ist. Es gilt also:

$\dot{q} = -\lambda \frac{dT}{dx}$ und wir erhalten durch Integration von $\int \dot{q}dx = \int -\lambda\, dT$ die Gleichung $\dot{q}(x_2 - x_1) = -\lambda(T_2 - T_1)$ mit $T_1 > T_2$ und $s = x_2 - x_1$ der Wandstärke erhalten wir schließlich $\dot{q} = \frac{\lambda}{s}(T_1 - T_2)$ und damit ist der Wärmeleitwiderstand gleich:

$$R_{th} = \frac{s}{\lambda} \tag{1.30}$$

Diese Gleichungen der ebenen Wand gelten auch als Näherung für gekrümmte Wände, mit großem Krümmungsradius und kleiner Wandstärke.

Beim einschichtigen Rohr ist unter den gleichen Voraussetzungen wie bei der ebene Wand zusätzlich zu beachten, dass die vom Wärmestrom durchströmte Wandfläche mit dem Radius zunimmt, es gilt also nur $\dot{Q} = konst$ und $\dot{q} \neq konst$. Damit folgt:

$\dot{Q} = -\lambda A \frac{dT}{dr}$ und $A = 2\pi r L$ wobei L die Rohrlänge ist.

Durch Integration von $\int_{r_i}^{r_a} \dot{Q}\frac{dr}{r} = -\lambda 2\pi L \int_{T_i}^{T_a} dT$ folgt.

mit $T_i > T_a$

$$\dot{Q} = \frac{2\pi L \lambda}{ln\frac{r_a}{r_i}}(T_i - T_a) \tag{1.31}$$

Damit erhalten wir den Wärmeleitwiderstand eines einschichtigen Rohres (Länge auf L = 1 [m] normiert) (Abb. 1.7)

$$R_{th} = \frac{ln\frac{r_a}{r_i}}{2\pi\lambda} \tag{1.32}$$

Bei der einschichtigen Hohlkugel sind die Verhältnisse ähnlich denen des Rohres

Es gilt $\dot{Q} = -\lambda A \frac{dT}{dr}$ und $A = 4\pi r^2$ man erhält durch Integration und Umformung bei einem nach außen gerichteten Wärmestrom:

**Abb. 1.7** Wärmeleitung Rohr

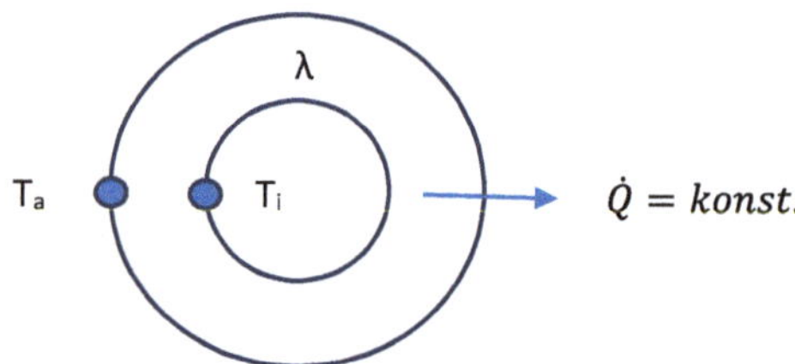

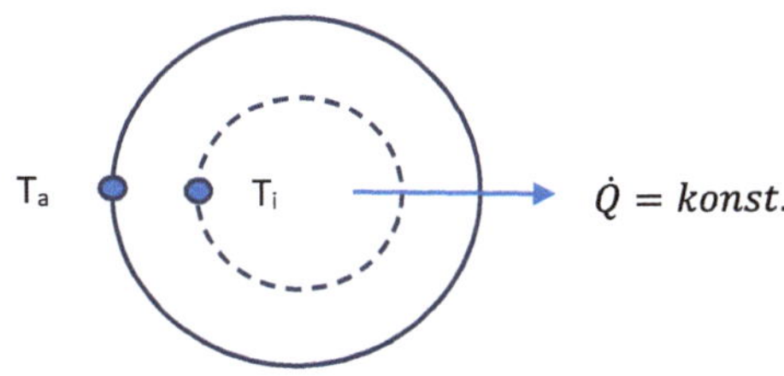

**Abb. 1.8** Wärmeleitung Hohlkugel



$$\dot{Q} = \frac{4\pi\,\lambda}{\frac{1}{r_i} - \frac{1}{r_a}}(T_i - T_a) \tag{1.33}$$

Damit ist der Wärmeleitwiderstand einer einschichtigen Hohlkugel (Abb. 1.8):

$$R_{th} = \frac{\frac{1}{r_i} - \frac{1}{r_a}}{4\pi\,\lambda} \tag{1.34}$$

### 1.3.2.4 Wärmewiderstandsnetzwerke

Der thermische Kontaktwiderstand in einer Serienschaltung liegt meist zwischen $R_{th,C} = 0{,}002$ und $0{,}00002$ [m$^2$K/W] und ist nur schwer vorzugsweise experimentell bestimmbar. Maßgebend für seine Größe sind die Oberflächenrauhigkeit, der Anpressdruck, die Werkstoffpaarung und vor allem das Spaltmedium, im ungünstigsten Fall Luft, im besten Fall z. B. bei der Montage elektronischer Bauteile Thermopasten oder Silikonöle (Abb. 1.9).

Parallelschaltung bei geschichtetem Material:

Wie bereits bekannt, gilt bei konstanten Temperaturen an den Stirnflächen (dies wird auch als Dirichlet'sche Randbedingung bezeichnet):

$$\frac{1}{R_{th,ges}} = \frac{1}{R_{th,1}} + \frac{1}{R_{th,2}} \tag{1.35}$$

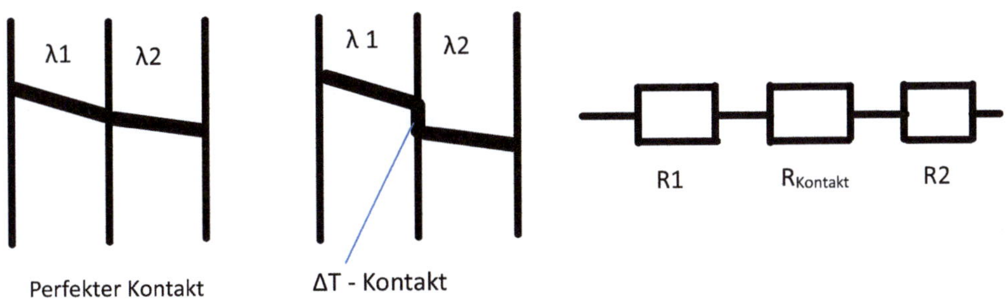



**Abb. 1.9** Kontaktwiderstand

und somit erhält man:

$$R_{th,ges} = \frac{R_{th,1}R_{th,2}}{R_{th,1} + R_{th,2}} \tag{1.36}$$

Bei gemischten Schaltungen gilt:

Wieder bei konstanten Temperaturen an den Berandungsflächen.

$$R_{th.ges} = R_{th,1} + R_{th,par} + R_{th,5} \tag{1.37}$$

mit

$$\frac{1}{R_{th,par}} = \frac{1}{R_{th,2}} + \frac{1}{R_{th,3}} + \frac{1}{R_{th,4}} \tag{1.38}$$

Im allgemeinsten Fall haben wir Konvektion und Strahlung z. B. an einer Rohroberfläche. (Strahlung ist die Stefan'sche nichtlineare Randbedingung und Konvektion die Newtonsche oder Robin'sche Randbedingung).

Diese Details folgen erst in den Abschn. 1.3.3 und 1.3.4

### 1.3.2.5 Wärmequellen

Sie sind für die Wärmepumpen das Erdreich, die Umgebungsluft oder das Grundwasser. Diese Energien werden auch als Umweltenergien bezeichnet. Natürlich ist die Nutzung von Prozesswärme oder Meerwasser genauso realisierbar.

In der Gebäudetechnik sind Wärmequellen, die im Haus lebenden Personen und die Abwärme der technischen Geräte und natürlich vor allem die eingestrahlte Sonnenenergie.

Unsere derzeit leider noch wichtigsten Wärmequellen sind chemische Wärmequellen, also vor allem die durch die Verbrennung der fossilen Brennstoffe mit dem Luftsauerstoff freigesetzte chemisch gebundene Energie. Damit verbunden ist die Freisetzung gigantischer Mengen von $CO_2$. Bei den regenerativen Brennstoffen, also der Biomasse, wird dieses $CO_2$ nur dann in einem Kreislauf eingebunden, wenn die Biomasse im gleichen Umfang ihrer Nutzung auch wieder angepflanzt wird.

Zu erwähnen sind noch die atomaren Wärmequellen in Form der zylindrischen Brennstäbe der Druckwasserreaktoren und der sphärischen Reaktorbrennelemente im Kugelhaufenreaktor.

Auf unsere wichtigste Wärmequelle die Sonnenenergie gehen wir im Abschn. 1.3.4 ein.

### 1.3.2.6 Wärmesenken

Alle Wärmeverluste stellen Wärmesenken dar. In der Gebäudetechnik kann in der Nacht die hoffentlich wesentlich kühlere Außenluft beim Stoßlüften als Wärmesenke verwendet werden.

Denn die Anzahl der tropischen Nächte, also der Nächte mit Temperaturen über 20 [°C], nehmen wegen dem Klimawandel stark zu.

Eiswürfel in einem Mixgetränk stellen ebenfalls eine Wärmesenke dar, denn die Schmelzwärme wird der Flüssigkeit entzogen und kühlt so unser Getränk ab.

Die Kühlmittel-Wärmetauscherschlangen eines Kühlschranks stellen effektive Wärmesenken dar. Allerdings wird die dem Kühlfach entzogene Wärme über Wärmetauscher an der Rückseite des Kühlgerätes an die Küche abgegeben und heizt diese so auf. (1 HS der Thermodynamik).

Auch das Erdreich kann als Wärmesenke im Sommer Verwendung finden, in Kombination mit einer Wärmepumpe mit Erdreichwärmetauscher und einer Fußbodenheizung, die bei entsprechender Auslegung des Systems im Sommer auch zur Kühlung verwendet werden kann.

Alle Kreisprozesse und damit alle Verbrennungsmotoren und Kraftwerke benötigen für ihr problemloses Funktionieren eine Wärmesenke in Form von Kühlwasser oder Kühlluft. In heißen trockenen Sommern kann dies bei den Kraftwerken zum Problem für die Flüsse werden, denn mit der steigenden Wassertemperatur sinkt der Sauerstoffgehalt im Wasser und das Ökosystem Fluss kann kippen.

### 1.3.2.7  Finite Differenzen Methode – 2D Wärmeleitung

Bei der Methode der Finiten Differenzen wird eine partielle Differentialgleichung durch eine Taylorreihenentwicklung in Differenzgleichungen übergeführt.

Die allgemeinste Form einer solchen Differentialgleichung ist in unserem Fall der Fourier'schen Wärmeleitungsgleichung der mehrdimensionale, instationäre Fall mit inneren Wärmequellen.

Im kartesischen Koordinatensystem erhalten wir damit:

$$\frac{\partial T}{\partial t} = a\left(\frac{\partial^2 T}{\partial x^2} + \frac{\partial^2 T}{\partial y^2} + \frac{\partial^2 T}{\partial z^2}\right) + \frac{\dot{e}_q}{\rho c_p} \qquad (1.39)$$

mit der Temperaturleitfähigkeit

$$a = \frac{\lambda}{\rho c_p} \quad \left[\mathrm{m^2/s}\right] \qquad (1.40)$$

(der Dichte $\rho$ [kg/m$^3$] u. der spezifischen Wärmekapaziät $c_p$[J/kg K]) und der Wärmequellendichte $\dot{e}_q$ [W/m$^3$].

Für den Fall $\frac{\partial T}{\partial t} = 0$ erhält man die Poisson'sche Differentialgleichung, also die stationäre Wärmeleitung mit Wärmequellen.

Und bei einer weitern Vereinfachung ohne Wärmequellen erhält man die Laplace'sche Differentialgleichung

$$\nabla^2 T = 0 \qquad (1.41)$$

in der eleganten Koordinatenfreien Schreibweise mit Nablaquadrat – die Potenzialgleichung.

Wir beschränken uns auf den 2-dimensionalen Fall mit vorerst nur konstanten Randtemperaturen und einer konstanter Wärmeleitzahl. Damit gilt:

$$\dot{q} = -\lambda \nabla T = -\lambda \, grad \, T = -\lambda \left( \frac{\partial T}{\partial x} + \frac{\partial T}{\partial y} \right) \tag{1.42}$$

Nach der Taylorreihenentwicklung mit einer Vernachlässigung der Glieder höhere Ordnung folgt:

$$\dot{q} = \dot{q}_x + \dot{q}_y = \lambda \frac{\Delta T_x}{\Delta x} + \lambda \frac{\Delta T_y}{\Delta y} \tag{1.43}$$

Wir benötigen also ein Berechnungsgitter und setzen zur Vereinfachung $\Delta x = \Delta y$ (Abb. 1.10).

Damit können wir die Energiebilanz für einen inneren Knoten bei Kenntnis seiner Nachbarknoten aufstellen (Abb. 1.11).

$$\dot{q}_{A,N} + \dot{q}_{B,N} = \dot{q}_{N,C} + \dot{q}_{N,D} \tag{1.44}$$

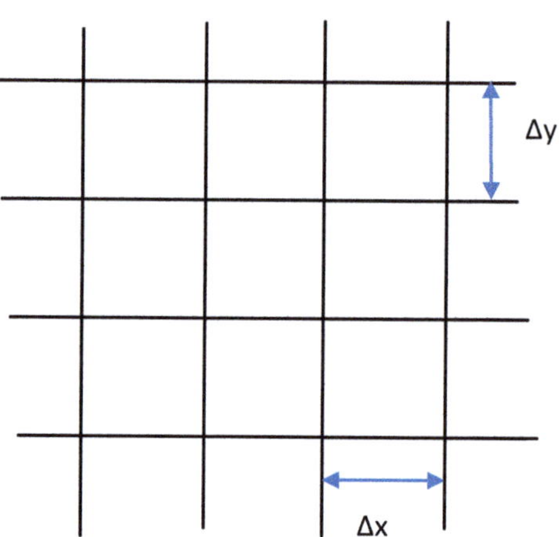

**Abb. 1.10** Berechnungsgitter für FDM

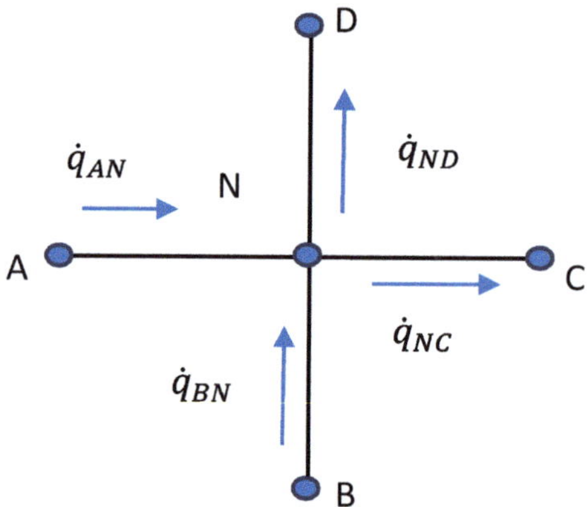

**Abb. 1.11** FDM innerer Knoten

Nach dem Einsetzen der positiven Temperaturdifferenzen und dem Durchkürzen erhält
man:

$$T_A - T_N + T_B - T_N = T_N - T_C + T_N - T_D$$

$$\text{bzw.} \quad T_A + T_B + T_C + T_D - 4T_N = 0 \tag{1.45}$$

Wir erhalten also so viele lineare Gleichungen wie es der Anzahl der unbekannten Temperaturen entspricht. Mit dem Anschreiben des Gleichungssystems in Matrix-Vektorform
ergibt sich:

$$A\,\vec{x} = \vec{b} \tag{1.46}$$

wobei $\vec{x}$ der Lösungsvektor unserer N unbekannten Knotentemperaturen ist.

$$\vec{x} = \begin{pmatrix} T_1 \\ \dots \\ T_N \end{pmatrix} \tag{1.47}$$

und A ist die Koeffizientenmatrix der unbekannten Knotentemperaturen:

$$A = \begin{bmatrix} a_{1,1} & \dots & a_{1,N} \\ \dots & \dots & \dots \\ a_{N,1} & \dots & a_{N,N} \end{bmatrix} \tag{1.48}$$

sowie $\vec{b}$ der Konstantenvektor mit der Summe der bekannten Randtemperaturen pro
Knotengleichung.

$$\vec{b} = \begin{pmatrix} b_1 \\ \dots \\ b_N \end{pmatrix} \tag{1.49}$$

Mit der Berechnung der inversen Koeffizientenmatrix kann dann der Lösungsvektor mit
den einzelnen Knotentemperaturen bestimmt werden.

$$\vec{x} = A^{-1}\,\vec{b} \tag{1.50}$$

Damit können wir in einer grafischen Darstellung unseres zweidimensionalen Berechnungsgebietes die Isothemen, also die Linien konstanter Temperatur, einzeichnen.
Symmetrielinien werden von den Isothermen im rechten Winkel geschnitten, da über sie
keine Wärme fließen kann.

$$\Delta T = 0 \rightarrow \dot{q} = 0$$

In den Abschn. 1.3.3 und 1.3.4 werden wir unsere Randbedingungen für den Fall der
Konvektion bzw. Strahlungswärme erweitern.

### 1.3.3  Konvektive Wärmeübertragung

Die konvektive Wärmeübertragung kann mit dem einfachen Newtonschen Erfahrungssatz

$$\dot{q} = \alpha\,\Delta T \qquad\qquad (1.51)$$

$$\text{mit}\quad \Delta T = T_W - T_\infty$$

beschrieben werden. Wobei das treibende Temperaturpotenzial die Differenz aus der Wandtemperatur $T_W$ und der Fluidtemperatur $T_\infty$ außerhalb der Temperaturgrenzschicht ist. $\alpha$ [W/m$^2$K] ist der Wärmeübergangskoeffizent (Wärmeübergangszahl). Für ihn kann sofort ein Schätzwert je nach Art der Konvektion und dem Fluidtyp angegeben werden:

| Freie Konvektion | Gase | 2–25 [W/m$^2$K] |
|---|---|---|
| Erzwungene Konvektion | Gase | 25–250 [W/m$^2$K] |
| Freie Konvektion | Flüssigkeiten | 50–1000 [W/m$^2$K] |
| Erzwungene Konvektion | Flüssigkeiten | 1000–20000 [W/m$^2$K] |
| Änderung der Aggregatzustandes: Verdampfen – Kondensieren | Flüssigkeit → Dampf  Dampf → Flüssigkeit | 2500–100000 [W/m$^2$K] |

Die Konvektion ist also der Wärmeübergang zwischen der Oberfläche eines festen Körpers und einem bewegten Fluid. Dabei müssen wir mehrere Fälle unterscheiden. Die Oberfläche kann eine konstante Temperatur haben oder wie bei vielen technischen Anwendungen, eine konstante Wärmestromdichte, so wie bei Wärmetauschern, oder nuklearen oder elektrischen Wärmequellen. Es kann eine natürliche freie Konvektion vorliegen. Durch einen Temperaturunterschied wird ein Dichteunterschied und damit eine Strömung hervorgerufen. Oder wir haben den Fall einer erzwungenen Konvektion. Das heißt, bei einem technischen System wird z. B. durch eine Pumpe oder ein Gebläse, durch Energiezufuhr von außen, eine Strömung erzeugt. Es kann eine Umströmung von Körpern oder eine Durchströmung von Kanälen vorliegen. Und auch die Strömungsform, ob eine laminare oder turbulente Strömung vorliegt, spielt eine wichtige Rolle.

### 1.3.3.1  Erzwungene Konvektion

Innerhalb der Temperatur- und Geschwindigkeitsgrenzschicht findet also die Konvektion statt. Für die Beschreibung der Konvektion benötigen wir partielle Differentialgleichungen, die aus den Erhaltungssätzen der Masse, des Impulses und der Energie hergeleitet werden können.

Diese partiellen DGL der Grenzschicht können mit numerischen Methoden für die jeweiligen Rand- und Anfangsbedingungen gelöst werden.

(siehe Lit. [47] Cebeci, Bradshaw).

Wir beschreiten den zweiten mathematisch einfacheren Weg über die dimensionslosen charakteristischen Kennzahlen.

### 1.3.3.1.1 Dimensionslose Kennzahlen

Durch Dimensionslosmachen der Impulsgleichung erhält man die Reynoldszahl.

$$Re = \frac{w_m x_{char}}{\nu_{Fluid}} \tag{1.52}$$

mit $w_m = \frac{\dot{m}}{A\,\rho}$ der mittleren Geschwindigkeit und $\nu_{Fluid} = \frac{\eta}{\rho}$ der kinematischen Viskosität des Fluides, sowie der charakteristischen Länge x.

Die Reynoldszahl ist das Verhältnis der Trägheits- zu den Reibungskräften.

Wenn man die Energiegleichung in eine dimensionslose Form überführt, erhält man eine weitere dimensionslose Kennzahl die Prandtlzahl.

$$\mathrm{Pr} = \frac{\nu}{a} \tag{1.53}$$

mit $a = \frac{\lambda_{Fluid}}{\rho c_p}$ der Temperaturleitzahl.

Die Prandtlzahl kann als Verhältnis der jeweiligen Grenzschichtdicken interpretiert werden.

Für die Energiebilanz unmittelbar an der Wand können wir folgende Randbedingung verwenden:

$$\dot{q}_\alpha = \dot{q}_\lambda$$

Also der spezifischer Wärmestrom durch Konvektion an der Wand durch das Fluid ist gleich dem spezifischen Wärmestrom durch Leitung in der Wand. Es folgt:

$$\alpha(T_\infty - T_W) = -\lambda\left(\frac{\partial T}{\partial x}\right)_{x_W}$$

Und damit können wir die dritte dimensionslose Kennzahl herleiten, indem wir diese Randbedingung dimensionslos machen. Wir erhalten dann die Definitionsgleichung der Nußeltzahl:

$$Nu = \frac{\alpha\,x_{char}}{\lambda_{Fluid}} \tag{1.54}$$

Wie sich auch mit Messungen beweisen lässt, gilt:

$$Nu = f(Re, Pr) \tag{1.55}$$

In der Praxis wird nun häufig für diese vorerst unbekannte Funktion der Potenzansatz:

$$Nu = C\,Re^m\,Pr^n \tag{1.56}$$

verwendet und die Werte für C, m und n für den jeweiligen Anwendungsfall in Tabellenform angegeben.

Für genauere Funktionen der Nußeltzahl, die meist aus umfangreichen Messungen für verschiedene Geometrien, Strömungen und Fluide stammen, sei auf den VDI-Wärmeatlas verwiesen.

### 1.3.3.1.2 Angeströmte Platte

Als Bezugstemperatur für die Stoffwerte ist das arithmetische Mittel aus der konstanten Wandtemperatur $T_W$ und der Anströmtemperatur $T_\infty$ zu verwenden (Abb. 1.12).

$$T_{Bezug} = \frac{T_\infty + T_W}{2} \tag{1.57}$$

Dabei gilt für die laminaren Nußeltzahlen:

| LaminareStrömung $T_w =$ konst | C | M | n |
|---|---|---|---|
| $Nu_x$ | 0,332 | 1/2 | 1/3 |
| $Nu$ | 0,664 | 1/2 | 1/3 |

Wobei $Nu_x$ die örtliche und Nu die Nußeltzahl der gesamten Platte ist. Weiters gilt damit:

$$\alpha_{Konv} = \frac{1}{L} \int_0^L \alpha_x dx \tag{1.58}$$

Die kritische Reynoldszahl liegt bei $5*10^5$, daraus kann die kritische Plattenlänge errechnet werden, bis zu der eine laminare Strömung vorliegt.

Für die turbulente Strömung gilt:

| Turbulente Strömung $T_w =$ konst | C | M | n |
|---|---|---|---|
| $Nu_x$ | 0,0296 | 4/5 | 1/3 |
| $Nu$ | 0,037 | 4/5 | 1/3 |

**Abb. 1.12** Temperatur-Grenzschicht ebene Platte

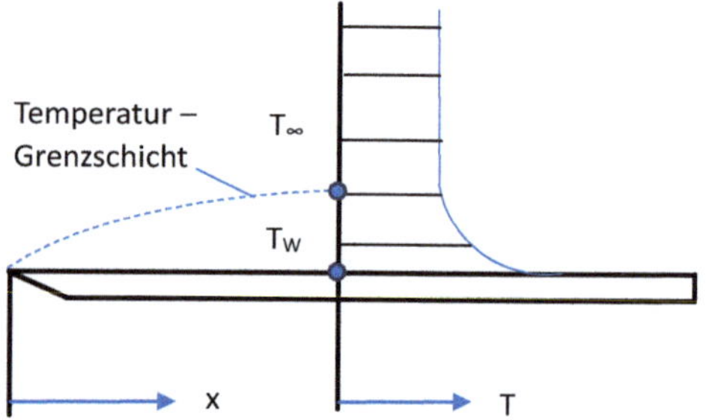

| Innerhalb der Gültigkeitsgrenzen: | $5*10^5 \leq \mathrm{Re}_x \leq 10^7$ |
|---|---|
| | $0,6 \leq \mathrm{Pr} \leq 60$ |

Bei einer kombinierten laminaren und turbulenten Strömung gilt für den Fall $T_W=$ konst.:

$$Nu = \left(0,037\, Re_L^{\frac{4}{5}} - 871\right) Pr^{1/3} \tag{1.59}$$

Innerhalb der selben Gültigkeitsgrenzen aber für $\mathrm{Re}_L$.

Für den Fall eines konstanten spezifischen Wärmestromes der Platte gilt:

| $\dot{q}_W$ [W/m$^2$] | C | M | n |
|---|---|---|---|
| $Nu_x$ laminar | 0,453 | 1/2 | 1/3 |
| $Nu_x$ turbulent | 0,0308 | 0,8 | 1/3 |

### 1.3.3.1.3 Durchströmtes Rohr – Kanalströmung

Für Reynoldszahlen bis 2320 liegt eine laminare Strömung vor (Abb. 1.13).

Zwischen 2320 und 10.000 haben wir das Übergangsgebiet und für Re > 10.000 ist die Strömung turbulent (Abb. 1.14).

Für die laminare Anlaufströmung in einem Rohr gilt für den hydrodynamischen Anlauf:

$$L_{hyd,lam} \approx 0,05\, Re\, D \tag{1.60}$$

und für die thermische Anlauflänge:

$$L_{therm,lam} \approx 0,05\, Re\, PrD \tag{1.61}$$

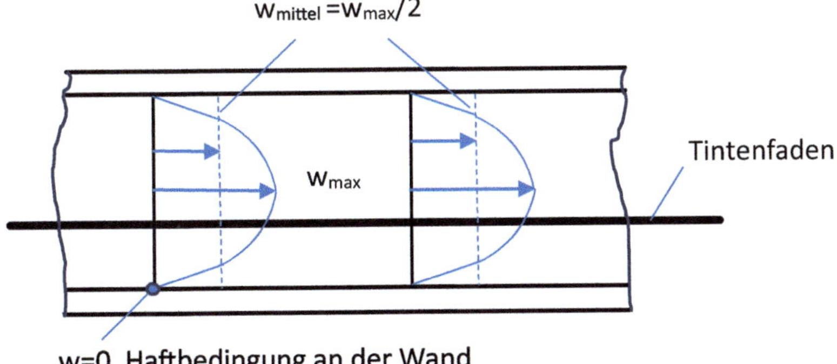


**Abb. 1.13**  Laminare Strömung – Rohr

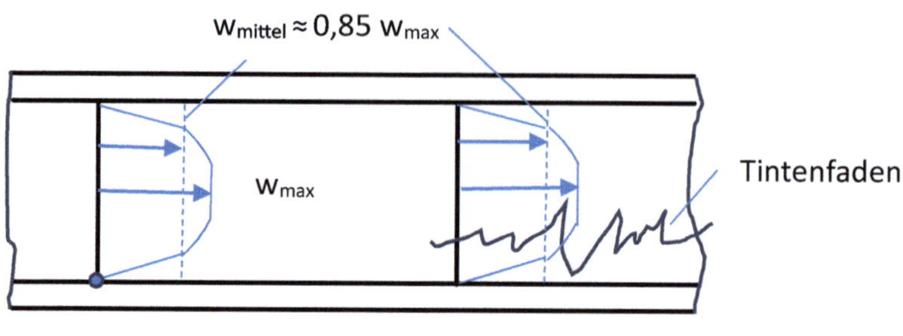


**Abb. 1.14**  Turbulente Strömung – Rohr

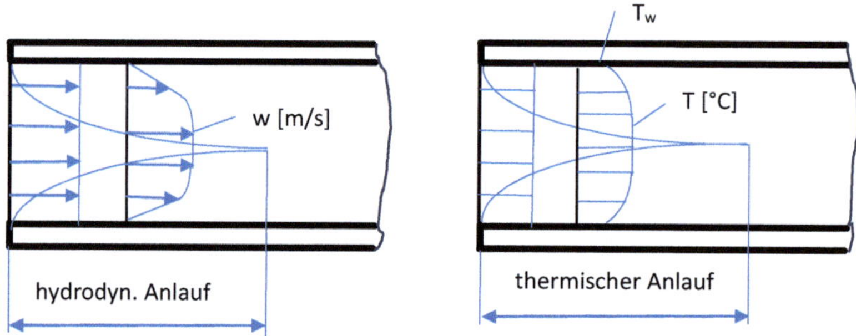


**Abb. 1.15**  Anlaufströmungen – Rohr

Im Falle einer turbulenten Strömung sind beide Anlauflängen ungefähr gleich (Abb. 1.15).

$$L_{hyd,turb} \approx L_{therm,turb} \approx 10\,D \qquad (1.62)$$

Für die vollentwickelte laminare Strömung mit konstanter Wandtemperatur $T_W = $ konst. gilt:

$$Nu = 3,66 \qquad (1.63)$$

bzw. für den Fall mit $\dot{q}_W = konst.$ gilt:

$$Nu = 48/11 \qquad (1.64)$$

Für die Nußeltzahlen im Einlaufgebiet siehe Lit. Marek, Nitsche [8].

Der wichtigste Fall ist allerdings die vollständig ausgebildete turbulente Rohrströmung Re$> 10^4$, dabei muss nicht zwischen der konstanten Wandtemperatur und dem konstanten Wärmestrom unterschieden werden. Es gilt mit dem Widerstandsbeiwert $\zeta$ für $Nu_{mittel}$:

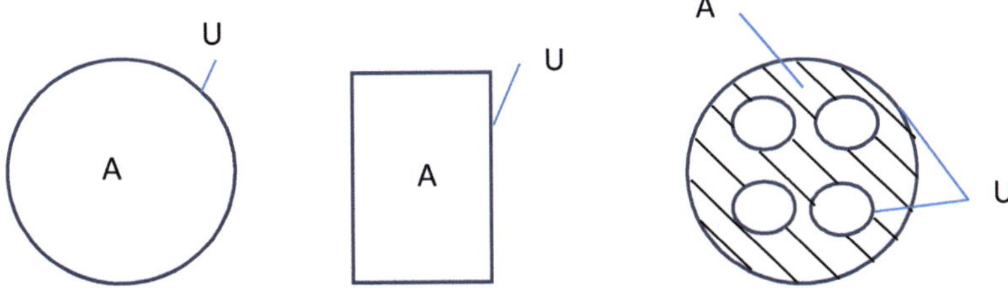

**Abb. 1.16** Durchströmte Fläche, benetzter Umfang

$$\zeta = (1,8 \log (Re) - 1,5)^{-2} \tag{1.65}$$

$$Nu_{mittel} = \frac{\left(\frac{\zeta}{8}\right)(Re)Pr}{1 + 12,7\sqrt{\zeta/8}\left(Pr^{2/3} - 1\right)}\left[1 + \left(\frac{d_i}{L}\right)^{2/3}\right] \tag{1.66}$$

Gültig für $d_i/L \leq 1$ sowie $0{,}6 \leq Pr \leq 1000$ und $10.000 \leq Re \leq 10^6$.

Bei allgemeinen Querschnitten gilt für die charakteristische Länge $x_{char}$ der hydraulische Durchmesser $d_{hydr}$ mit:

$$d_{hydr} = \frac{4\,A}{U} \tag{1.67}$$

A ist die durchströmte Fläche der Kanalströmung und U der gesamte benetzte Umfang (Abb. 1.16).

Für Taschen gilt hingegen $d_{hydr} = 2\,s$ (laut VDI – Wärmeatlas) (Abb. 1.17).

Die Stoffwerte werden auf die mittlere Temperatur bezogen.

$$T_{Bezug} = \frac{T_{Fluid,ein} + T_{Fluid,aus}}{2} \tag{1.68}$$

**Abb. 1.17** Durchströmter Spalt

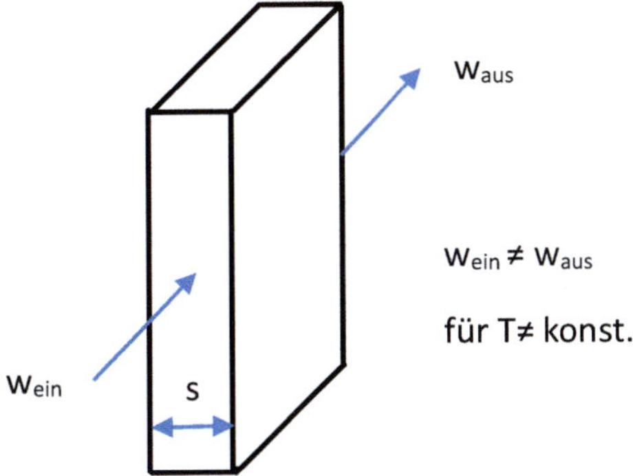

### 1.3.3.1.4  Quer angeströmte Profile

| Querschnitt | Fluid | Re – Bereich | C | m | n |
|---|---|---|---|---|---|
| Kreis | Gas | 0,4–4 | 0,989 | 0,330 | 1/3 |
| | Flüssigkeit | 4–40 | 0,911 | 0,385 | 1/3 |
| | | 40–4000 | 0,683 | 0,466 | 1/3 |
| | | 4000–40.000 | 0,193 | 0,618 | 1/3 |
| | | 40.000–4*$10^5$ | 0,027 | 0,805 | 1/3 |
| Vertikale Platte | Gas | 4000–15.000 | 0,228 | 0,731 | 1/3 |
| Ellipse | Gas | 2500–15.000 | 0,248 | 0,612 | 1/3 |

Die Stoffwerte sind wieder auf die mittlere Temperatur zu beziehen:

$$T_{Bezug} = \frac{T_\infty + T_{Oberfläche}}{2} \tag{1.69}$$

### 1.3.3.2  Freie Konvektion

Wenn wir keine äußere Energiezufuhr haben, die die Strömung antreibt, liegt eine freie Konvektion vor. Durch den Dichteunterschied des Fluids entsteht beim Aufheizen eine nach oben gerichtete Strömung, eine nach unten gerichtete Strömung beim Abkühlen. Die geometrische Form der Körper und ihre Lage im Schwerkraftfeld der Erde spielen dabei eine wesentliche Rolle.

Die dimensionslose Grashof-Zahl entspricht dabei dem Verhältnis der Auftriebskräfte in der Grenzschicht zu den viskosen Reibungskräften im Fluid. Es gilt:

$$Gr = \frac{g\,\beta\,\Delta T\,L^3}{v_{Fluid}^2} \tag{1.70}$$

mit der Erdbeschleunigung g, der Temperaturdifferenz $\Delta T$ zwischen der Wand $T_W$ und dem umgebenden Fluid $T_\infty$, der charakteristischen Länge L, sowie $v_{Fluid}$, der kinematischen Viskosität der Fluids.

Der isobare Ausdehnungskoeffizent $\beta = -\frac{1}{\rho}\left(\frac{\partial \rho}{\partial T}\right)$ entspricht bei idealen Gasen dem Kehrwert der mittleren Grenzschichttemperatur.

$$\beta = \frac{1}{T_{Bezug}[K]} \tag{1.71}$$

$$\text{mit} \quad T_{Bezug} = \frac{T_W + T_\infty}{2}$$

Im einfachsten Fall gilt auch für die Nußelt-Zahl der freien Konvektion ein Potenzansatz.

$$Nu = C\,Gr^m Pr^n \tag{1.72}$$

Da in den meisten Fällen m = n gilt, ist es sinnvoll Gr * Pr zur Rayleigh-Zahl Ra = Gr Pr zusammenzufassen.

Es gilt also die einfache Beziehung:

$$Nu = \frac{\alpha L}{\lambda_{Fluid}} = CRa^n \qquad (1.73)$$

Bei der vertikalen Platte gilt (Abb. 1.18):

|  | Strömungsform | C | n |
|---|---|---|---|
| $T_W$ = konst | Laminar <br> Ra = $10^4$–$10^9$ | 0,59 | 1/4 |
| $T_W$ = konst | Turbulent <br> Ra = $10^9$–$10^{13}$ | 0,1 | 1/3 |
| $q_W$ = konst | Übergangsgebiet <br> Ra = $3*10^{12}$–$10^{14}$ | 0,178 | 1/4 |

Für eine geneigte Platte kann in erster Näherung für g $\rightarrow$ g cos β gesetzt werden für Ra < $10^9$ (Abb. 1.19).

Bei der Strömung auf der Plattenunterseite einer horizontalen Platte gilt: Die charakteristische Länge ist dabei b, die Hälfte der Gesamtlänge der kürzeren Seite des Rechtecks (Breite = 2 b) (Abb. 1.20).

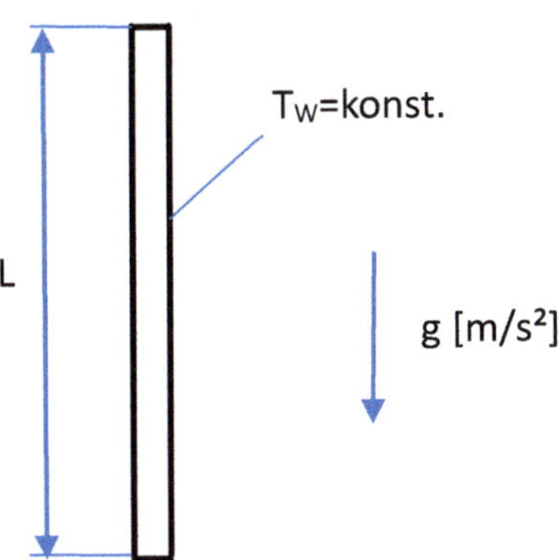


**Abb. 1.18** Freie Konvektion vertikale Platte

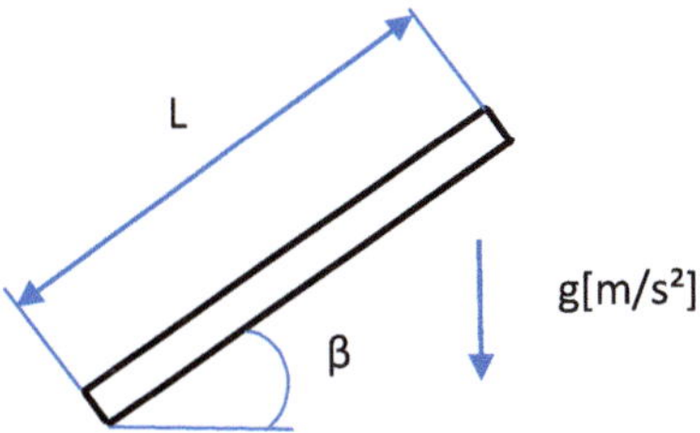


**Abb. 1.19** Freie Konvektion geneigte Platte

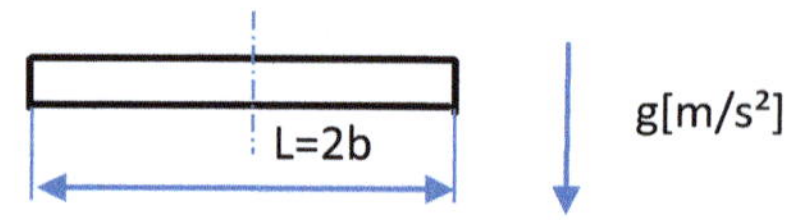

**Abb. 1.20**  Freie Konvektion horizontale Platte

Für die Randbedingung $\dot{q}_W$=konst. gilt $Gr_{\dot{q}_W} = \frac{\beta g \dot{q}_W b^4}{\lambda \nu^2}$

Bei Pr<<1 $Nu = 0,643\left(Gr_{\dot{q}_W} Pr^2\right)^{1/6}$

und für Pr>>1 $Nu = 0,617\left(Gr_{\dot{q}_W} Pr\right)^{1/6}$

Sowie bei $T_W$=konst.
Bei Pr<<1 $Nu = 0,571\left(GrPr^2\right)^{1/5}$

und für Pr>>1 $Nu = 0,544(GrPr)^{1/5}$

Im Fall einer kreisrunden horizontalen Platte mit einer Strömung auf der Plattenunterseite gelten die gleichen Gleichungen nur mit anderen C – Werten. Die charakteristische Länge ist hier b = d/2.

| Randbedingung | Pr | C |
|---|---|---|
| $\dot{q}_W$=konst. | <<1 | 0,776 |
| $\dot{q}_W$=konst. | >>1 | 0,693 |
| $T_W$=konst. | <<1 | 0,705 |
| $T_W$=konst. | >>1 | 0,619 |

### 1.3.3.2.1 Wärmeübergangszahl für Fluidschichten

Für den horizontaler Spalt der Höhe s=charakteristische Länge, gilt wieder die Nu–Gleichung von folgendem Grundtyp (Abb. 1.21):

$$Nu = C\ Ra^n$$

Die obere Wand ist die wärme Wand des Spaltes. Es gilt:

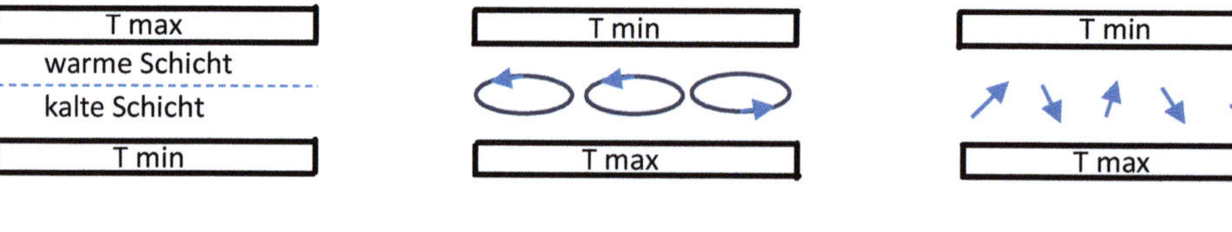


**Abb. 1.21**  Freie Konvektion zwischen horizontalen Platten

| Fluid | Pr | Ra | C | n |
|---|---|---|---|---|
| Gas Flüssigkeit | - | <1700 | 1 | 0 |
| Gas | 0,5–2 | 1700–7000 | 0,059 | 0,4 |
| Gas | 0,5–2 | 7000–3,2*$10^5$ | 0,212 | 1/4 |
| Gas | 0,5–2 | >3,2*$10^5$ | 0,061 | 1/3 |
| Flüssigkeit | 1–5000 | 1700–6000 | 0,012 | 0,6 |
| Flüssigkeit | 1–5000 | 6000–37.000 | 0,375 | 0,2 |
| Flüssigkeit | 1–20 | 37.000–$10^8$ | 0,13 | 0,3 |
| Flüssigkeit | 1–20 | >$10^8$ | 0,057 | 1/3 |

Für den vertikalen Spalt gilt mit $\varepsilon = \frac{s}{h}$, wobei wieder s die charakteristische Länge ist (Abb. 1.22).

| Fluid | $\varepsilon$ | Pr | Ra | Nu |
|---|---|---|---|---|
| Gas Flüssigkeit | - | - | <2000 | 1 |
| Gas | 0,091-0,024 | 0,5–2 | 2*$10^2$–2*$10^5$ | $0,197 Ra^{1/4}\varepsilon^{1/9}$ |
| Gas | 0,091-0,024 | 0,5–2 | 2*$10^5$–$10^7$ | $0,073 Ra^{1/3}\varepsilon^{1/9}$ |
| Flüssigkeit | 0,1–0,025 | 1–20 | $10^4$–$10^7$ | $0,42 Pr^{0,012} Ra^{1/4}\varepsilon^{0,3}$ |
| Flüssigkeit | 1–0,025 | 1–20 | $10^6$–$10^9$ | $0,046 Ra^{1/3}$ |

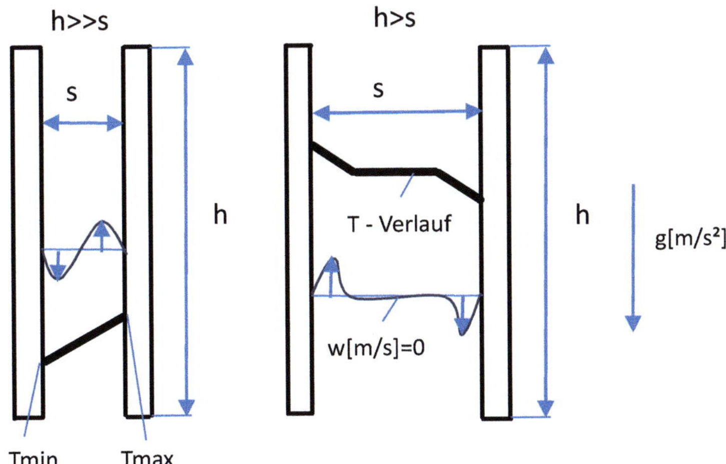


**Abb. 1.22**  Freie Konvektion zwischen senkrechten Platten

Diese Gleichungen gelten auch für den vertikalen Spalt zwischen zwei Zylindern.

Für konzentrische horizontale Zylinder mit Spalt s gilt wieder der Grundtyp der Nu – Gleichung $Nu = CRa^n$:

| Fluid | Pr | Ra | C | n |
|---|---|---|---|---|
| Gas Flüssigkeit | 1–5000 | $6300$–$10^6$ | 0,11 | 0,29 |
| Gas Flüssigkeit | 1–5000 | $10^6$–$10^8$ | 0,40 | 0,20 |

### 1.3.3.2.2 Wärmeübergangszahl für geschlossene Voluminas

Dieser Fall liegt vor allem bei Wärmetauschern mit ausgeschalteter Umwälzpumpe vor. Für die Berechnung so eines geschlossenen Rohrleitungs-Kreislaufs muss auf die Spezialliteratur verwiesen werden. ( Lit. Müller/Ehrhard [9]).

### 1.3.3.2.3 Wärmeübergangszahl für berippte Oberflächen

Für vertikal angeordnete Kühlrippen, z. B. für die Kühlung elektronischer Bauteile, gilt bei freier Konvektion für den optimalen Rippenabstand:

$$s_{opt} = 2,714 \frac{L}{Ra^{1/4}} \tag{1.74}$$

Wobei die Rippenhöhe L die charakteristische Länge für die Berechnung der Rayleigh-Zahl ist. Damit folgt:

$$\alpha_{konv,frei} = 1,31 \frac{\lambda_{Rippe}}{s_{opt}} \tag{1.75}$$

Damit können wir bei Kenntnis der Anzahl n der Kühlrippen den an die Umgebung übertragenen Wärmestrom berechnen (Abb. 1.23).

$$\dot{Q}_{konv,frei} = \alpha_{konv,frei}(2\,n\,L\,H)\left(T_{Rippe} - T_\infty\right) \tag{1.76}$$

### 1.3.3.2.4 Bereich von freier und erzwungener Konvketion

Wenn $Gr/Re^2 < 0{,}1$ ist, kann der Einfluss der freien Konvektion vernachlässigt werden. Im Bereich $Gr/Re^2 > 10$ kann hingegen die erzwungene Konvektion vernachlässigt werden.

Im dazwischen liegenden Bereich gilt dann für die Nußeltzahl:

$$Nu_{ges} = \left(Nu_{erzwungen}^n + Nu_{frei}^n\right)^{1/n} \tag{1.77}$$

Mit $n \approx 3$ für vertikale Oberflächen und $n = 4$ für horizontale Oberflächen.

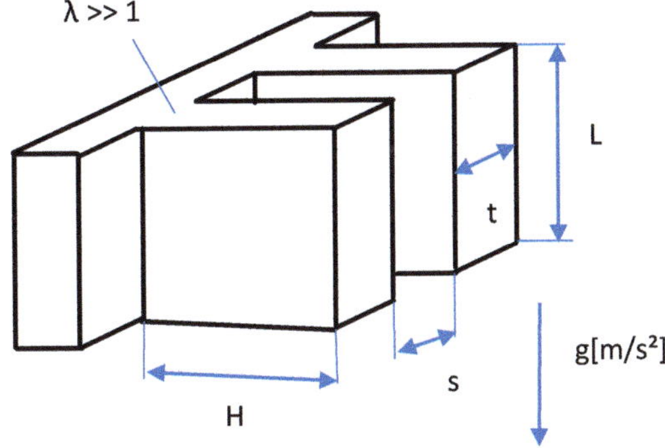


**Abb. 1.23** Vertikale Kühlrippen

### 1.3.3.3 Verdampfen – Kondensieren

Bei der Verdampfung müssen wir unterscheiden zwischen dem Behältersieden mit Wärmeübergangszahlen im Bereich von $10^3$ bis $10^4$ [W/m²K] und dem Sieden bei erzwungener Konvektion mit Werten von 2000 bis 16.000 [W/m²K] bei der Verdampfung unterkühlter Flüssigkeiten.

Beim Kondensieren muss unterschieden werden zwischen der Filmkondensation reiner, ruhender Dämpfe und der Kondensation strömender reiner Dämpfe.

Für die Filmkondensation liegen die Werte im Bereich von 3000 bis 15.000 [W/m²K]. Details siehe VDI-Wärmeatlas Lit. [11].

### 1.3.3.4 Wärmedurchgangszahl

Wenn wir die Wärmeleitwiderstände um die Wärmeübergangswiderstände an der Innen- und Außenseite von Wänden erweitern erhalten wir einen Gesamtwiderstand mit dem die Wärmedurchgangszahl berechnet werden kann. Wir setzen wieder eine stationäre Wärmeübertragung ohne innere Wärmequellen oder Wärmesenken voraus.

#### 1.3.3.4.1 Wärmedurchgangszahl für Wände
Siehe Abb. 1.24

$$R_{th,konv} = \frac{1}{\alpha} \text{ und } R_{th,gesamt} = \frac{1}{k}$$

$$\frac{1}{k} = \frac{1}{\alpha_i} + \sum_{i=1}^{n} \frac{s_i}{\lambda_i} + \frac{1}{\alpha_a} \tag{1.78}$$

$$\dot{q} = k \Delta T = k(T_i - T_a) \quad \text{mit } T_i > T_a$$

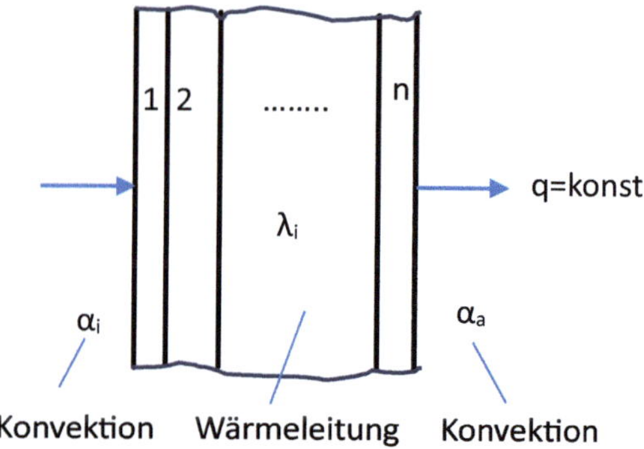



**Abb. 1.24** Wärmedurchgang mehrschichtige ebene Wand

### 1.3.3.4.2 Wärmedurchgangszahl für Rohre

Da bei den Rohren die äußere Mantelfläche größer ist als die innere Mantelfläche, haben wir zumindest zwei unterschiedliche Wärmedurchgangszahlen. Als dritte Variante können wir aber die Wärmedurchgangszahl auch auf die Rohrlänge beziehen. Es gilt:

$k_i$ [W/m²K] bezogen auf 1[m²] Rohrinnenfläche

$$k_i = \cfrac{1}{\cfrac{1}{\alpha_i} + \cfrac{d_i ln\left(\frac{d_a}{d_i}\right)}{2\lambda} + \cfrac{d_i}{d_a \alpha_a}} \tag{1.79}$$

$k_a$ [W/m²K] bezogen auf 1[m²] Rohraußenfläche

$$k_a = \cfrac{1}{\cfrac{d_a}{d_i \alpha_i} + \cfrac{d_a ln\left(\frac{d_a}{d_i}\right)}{2\lambda} + \cfrac{1}{\alpha_a}} \tag{1.80}$$

und $k_L$ [W/mK] bezogen auf 1 [m] Rohrlänge

$$k_L = \cfrac{\pi}{\cfrac{1}{d_i \alpha_i} + \cfrac{ln\left(\frac{d_a}{d_i}\right)}{2\lambda} + \cfrac{1}{d_a \alpha_a}} \tag{1.81}$$

Damit gilt für den Wärmestrom:

$$\dot{Q} = k_i A_i \Delta T = k_a A_a \Delta T = k_L\, L \Delta T \tag{1.82}$$

$$\text{mit} \quad A_i = d_i \pi L \text{ und } A_a = d_a \pi L$$

### 1.3.3.5 Optimale Isolierungen

Bei Wänden und damit bei Häusern sind die Verhältnisse einfach: Je dicker die Isolierung, desto geringer der Wärmeverlust. Aber es gibt natürlich ein wirtschaftliches Optimum der Gesamtkosten, also steigende Investitionskosten gegenüber fallenden Betriebskosten. Allerdings kann dabei die zukünftigen Höhe der Energiekosten nur mit geringer Sicherheit geschätzt werden.

### 1.3.3.5.1 Isolierungen für Wände

Die einfachste und billigste Isolierung ist eine dünne Luftschicht. Am besten so dünn, dass keine freie Konvektion auftritt. Aber neben der reinen Wärmeleitung durch diese Luftschicht tritt auch noch eine Wärmestrahlung auf.

Die nächst bessere Isolierung ist ein Vakuum, bei diesem tritt nur mehr die Wärmestrahlung auf. Aber bei großen Flächen oder gar Hauswänden ist dies schwer bis gar nicht umzusetzen.

Also wählen wir ein Isolationsmaterial für die Dämmstoffe von Wohnhäusern mit Wärmeleitzahlen im Bereich von $\lambda = 0{,}034$ bis $0{,}06$ [W/mK].

Das allerbeste wäre eine Superisolation, also evakuierte Schichten aus hochreflektierender Aluminiumfolie und Glasfasermatten sie wird verwendet für Kryotechnikanwendungen bei 150 [K] mit $\lambda = 0{,}00016$ für 10 Schichten.

### 1.3.3.5.2 Isolierungen für Rohre

Bei isolierten Rohrleitungen ist die Situation etwas komplexer. Mit der Dicke der Isolierschicht nimmt auch die Wärmeübertragungsfläche für die äußere Konvektion zur Umgebung hin zu.

$$\dot{Q} = \frac{T_1 - T_\infty}{R_{isol} + R_{konv,außen}} \tag{1.83}$$

wobei

$$R_{isol} + R_{konv} = \frac{ln\left(\frac{r_2}{r_1}\right)}{2\pi L \lambda_{isol}} + \frac{1}{\alpha_{konv,außen}(2\pi r_2 L)} \tag{1.84}$$

Mit $\frac{d\dot{Q}}{dr_2} = 0$

$$r_{krit} = \frac{\lambda_{isol}}{\alpha_{konv,außen}} \tag{1.85}$$

Es gibt also einen kritischen Radius $r_{krit}$ bis zum dem der Wärmeverlust ansteigt. Erst für größere Isolationsradien beginnt der Wärmeverlust wieder zu fallen, d. h. über das Minimum der Gesamtkosten muss wieder die optimale Dicke der Isolationsschicht gefunden werden.

Will man hingegen die Betriebstemperatur einer elektrischen Leitung möglichst klein halten, muss die Isolation genau den Außenradius $r_{krit}$ haben.

### 1.3.3.6 Finite Differenzenmethode – Konvektive Randbedingungen

Für einen äußeren ebenen Berandungsknoten mit Konvektiven Wärmeübergang gilt mit den Wärmeströmen (Abb. 1.25):

$$\dot{Q}_{1,n} + \dot{Q}_{2,n} = \dot{Q}_{n,3} + \dot{Q}_{n,\infty} \tag{1.86}$$

**Abb. 1.25** FDM ebener Rand mit Konvektion

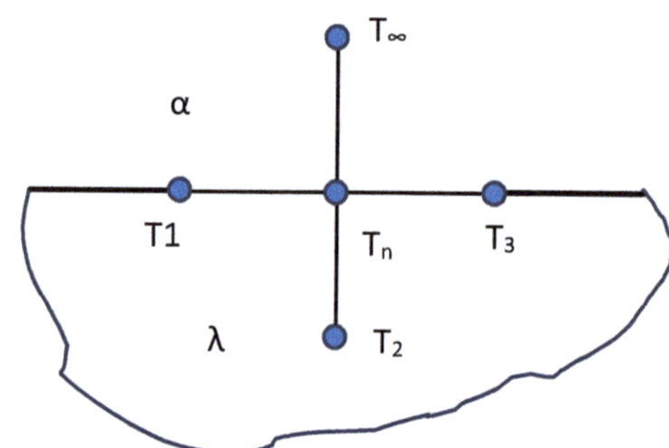


mit

$$\frac{1}{2}\lambda\frac{T_1 - T_n}{\Delta x} + \lambda\frac{T_2 - T_n}{\Delta x} = \frac{1}{2}\lambda\frac{T_n - T_3}{\Delta x} + \alpha(T_n - T_\infty)$$

damit erhält man

$$\frac{1}{2}T_1 + T_2 + \frac{1}{2}T_3 + \frac{\alpha\Delta x}{\lambda}T_\infty - \left(\frac{\alpha\Delta x}{\lambda} + 2\right)T_n = 0 \qquad (1.87)$$

Bei einem Eckknoten mit Konvektion gilt (Abb. 1.26):

$$\dot{Q}_{1,n} + \dot{Q}_{2,n} = \dot{Q}_{n,\infty} + \dot{Q}_{n,\infty} \qquad (1.88)$$

mit

$$\lambda\frac{T_1 - T_n}{\Delta x} + \lambda\frac{T_2 - T_n}{\Delta x} = \alpha(T_n - T_\infty) + \alpha(T_n - T_\infty)$$

damit erhält man

$$\frac{1}{2}(T_1 + T_2) + \frac{\alpha\Delta x}{\lambda}T_\infty - \left(\frac{\alpha\Delta x}{\lambda} + 1\right)T_n = 0 \qquad (1.89)$$

### 1.3.3.7 Instationäre Wärmeübertragung

Im allgemeinsten Fall der Wärmeübertragung variiert die Temperatur nicht nur mit dem Ort, sondern auch mit der Zeit.

$$T = f(x, y, z, t)$$

Wir wollen dieses System aber vorerst soweit vereinfachen, dass keine Wärmequellen oder Wärmesenken auftreten und aufgrund der hohen Wärmeleitzahl, des kleinen Körpers, die Temperatur in seinem Inneren nur von der Zeit und nicht vom Ort abhängt.

Bei einer Wärmeaufnahme über Konvektion aus der Umgebung gilt dann (Abb. 1.27):

$$\alpha\,A\left(T_\infty - T_{(t)}\right)dt = m\,c_p\,dT$$

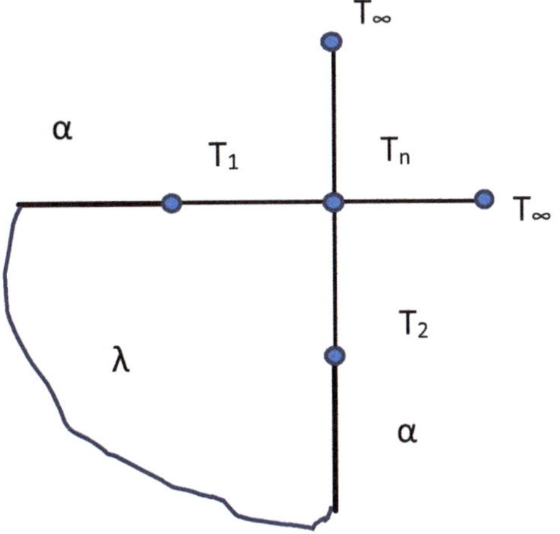

**Abb. 1.26** FDM Ecke mit Konvektion



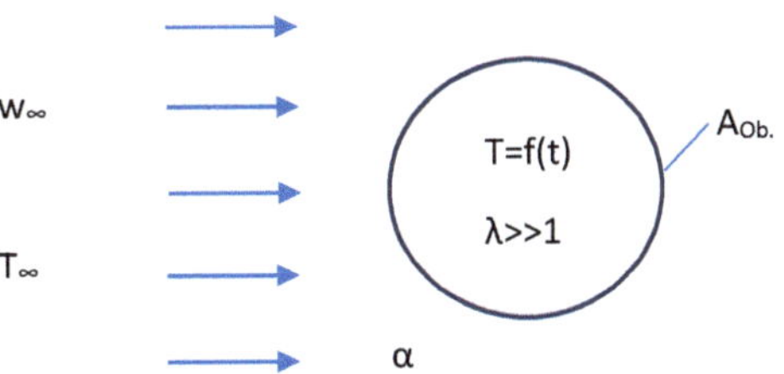

**Abb. 1.27** Instationäre Wärmeleitung

kleiner Körper (m,cp) als Kugel ohne inneres ΔT idealisiert



$$\text{mit} \quad dT = d\left(T_{(t)} - T_\infty\right)$$

### 1.3.3.7.1 Biot – und Fourier -Zahl

Über die Biot-Zahl kann man die Gültigkeit unserer vereinfachten Annahmen kontrollieren. Die charakteristische Länge ist dabei:

$$L = \frac{V}{A}$$

also das Verhältnis des Volumens unseres Körpers zu seiner Oberfläche.

Die Biot-Zahl selbst ist dabei das Verhältnis von Wärmeleitwiderstand zum Wärmewiderstand der Konvektion an der Oberfläche des Körpers.

$$Bi = \frac{R_L}{R_{Kon}} = \frac{\frac{L}{\lambda}}{\frac{1}{\alpha}} = \frac{\alpha}{\lambda/L} \tag{1.90}$$

Die exakte Lösung für unsere Näherung wäre Bi = 0, eine konstante Temperatur im Inneren des Körpers.

Aber auch kleine Bi-Zahlen < 0,1 (bei gröberer Näherung auch <1) liefern eine gute Näherung des Problems. Bei Metallen und mit Konvektion der Umgebungsluft erhält man sehr kleine Biot-Zahlen.

Die nächste Kennzahl ist die Fourier-Zahl, sie ist bestimmt durch das Verhältnis von Wärmeleitung zu Wärmespeicherung eines Körpers. Es gilt:

$$Fo = \frac{\frac{\lambda}{L} A \Delta T}{\rho c_p V \frac{\Delta T}{t}} \tag{1.91}$$

mit V/A = L und der Temperaturleitfähigkeit $a = \frac{\lambda}{\rho c_p}$ folgt:

$$Fo = \frac{a\,t}{L^2}$$

Die Fourier-Zahl repräsentiert eine dimensionslose Zeit. Für unser vereinfachtes Modell muss dabei gelten Fo>1.

### 1.3.3.7.2 Gleichmäßige Temperaturverteilung

Eine gleichmäßige Temperaturverteilung würde man auch in einem ideal gerührten Behälter erhalten. Als Lösung unserer gewöhnlichen Differentialgleichung erhält man:

$$T(t) - T_\infty = C_1 e^{\left(\frac{-\alpha A}{m c_p} t\right)} \tag{1.92}$$

mit der Anfangsbedingung: t = 0 T(t) = $T_0$ folgt:

$$\frac{T(t) - T_\infty}{T_0 - T_\infty} = e^{\left(\frac{\alpha A}{m c_p} t\right)} \tag{1.93}$$

Damit können Aufheiz- und Abkühlvorgänge mit guter Genauigkeit berechnet werden, wenn die beiden Kennzahlen im gültigen Bereich liegen (Abb. 1.28).

### 1.3.3.7.3 Große Temperaturunterschiede im Körperinneren

Wenn hingegen die Wärmeleitzahl $\lambda$<< sehr klein ist oder/und die charakteristische Länge L>> sehr groß und weiters die Vorgänge in einer sehr kleinen Zeitspanne ablaufen, gilt Fo<0,1. Dann bleibt die Temperatur im inneren eines Körpers nahezu unverändert und es gilt:

$$\frac{\partial T}{\partial t} = a \frac{\partial^2 T}{\partial x^2}$$

die Fouriersche partielle DGL in der eindimensionalen Form, für folgende Anfangs- bzw. Randbedingungen

$$T(x, t = 0) = T_0.$$

**Abb. 1.28**  Temperaturverlauf
über die Zeit

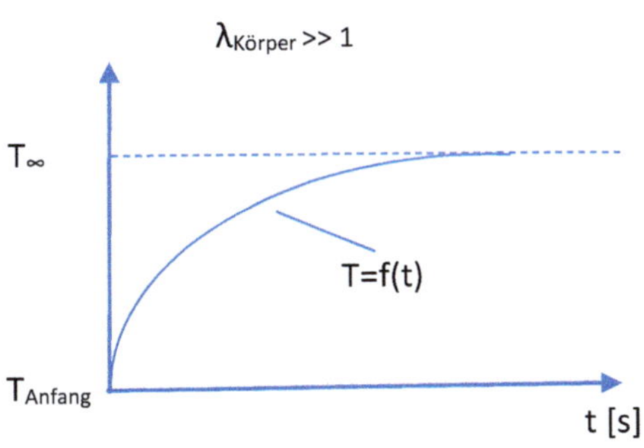


$$T(x = 0, t) = T_W \quad \text{und für halbunendliche Körper.}$$

$$T(x- > \infty, t) = T_0.$$

Zur Lösung dieser DGL wird eine dimensionslose Orts-Zeit-Koordinate definiert:

$$x^* = \frac{x}{2\sqrt{a\,t}}$$

Mit dem Gauß'schen Fehlerintegral gilt dann für das Temperaturfeld und die Wärmestromdichte:

$$T(x, t) = T_W + (T_0 - T_W) erf\left(x^*\right)$$

$$\dot{q}(x, t) = -\lambda (T_0 - T_W) \frac{e^{\left(-x^{*2}\right)}}{\sqrt{\pi\,a\,t}} \tag{1.94}$$

Für alle anderen Fälle außerhalb dieser beiden Grenzfälle können die dimensionslosen
Diagramme von Gröbner und Heisler für die Bestimmung der Temperaturfelder von instationären Wärmeleitvorgängen verwendet werden. Siehe wieder VDI-Wärmeatlas.

Natürlich ist wieder eine numerische Lösung der Problemstellungen möglich, sehr
anschaulich mit der Methode der Finiten Differenzen oder mit der Methode der Finiten
Elemente, die in den meist kommerziellen Softwarepaketen zum Einsatz kommt.

### 1.3.4  Wärmestrahlung

Wärmestrahlung ist die Übertragung von Energie durch elektromagnetische Wellen im
Wellenlängenbereich von $10^{-1}$ [µm] bis $10^2$ [µm]. Sie umfasst also einen Teil der Ultra-
violett-Strahlung, das sichtbare Licht und die Infrarot-Strahlung (Abb. 1.29).

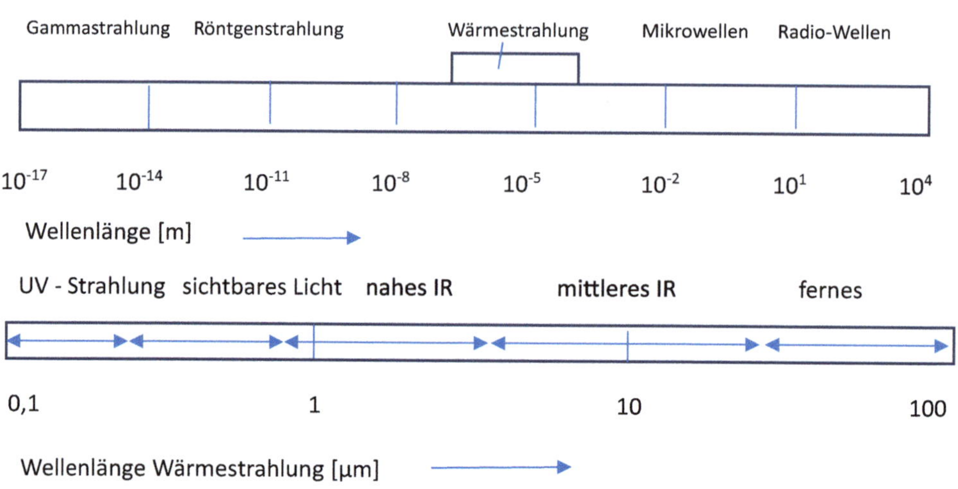


**Abb. 1.29**  Elektromagnetische Wellen – Wärmestrahlung

Alle Körper mit einer Temperatur über 0 [K] emittieren Wärmestrahlung, aber erst bei Temperaturen über 800 [K] wird eine merklich sichtbare Strahlung abgegeben.

Die Wärmestrahlung ist an kein Trägermedium gebunden und erfolgt auch im Vakuum. Die Strahlung zeigt je nach dem physikalischen Versuch Wellen oder Teilchen Verhalten.

Befindet sich ein Fluid zwischen zwei Körpern, kann auch dieses am Strahlungsaustausch beteiligt sein, wie bei den Gasen mit $CO_2$, $H_2O$, $SO_2$, $CH_4$, CO-Konzentrationen und den FCKW's, um nur die wichtigsten zu nennen. Diese Gase können im Gegensatz zu $O_2$und $N_2$ und den Edelgasen, Wärmestrahlung absorbieren, als auch emittieren. Aber auch Aerosole wie Staub, Ruß oder Flüssigkeitströpfchen nehmen am Strahlungsaustausch teil.

### 1.3.4.1 Grundlagen der Wärmestrahlung

Elektromagnetische Wellen und damit unsere Wärmestrahlung wird an der Oberfläche eines Körpers entweder reflektiert, absorbiert oder durchgelassen. Dabei gilt:

$$r + a + d = 1 \tag{1.95}$$

Idealer Reflektor r = 1.

Er ist entweder ein ideal weißer Körper alle Strahlen werden reflektiert oder ein idealer Spiegel alle Strahlen werden im selben Winkel bezogen auf die Flächennormale reflektiert (Abb. 1.30).

Idealer Absorber a = 1.

Ist ein ideal schwarzer Körper- alle Strahlen werden absorbiert (Abb. 1.31).

Ideales Glas d = 1.

Alle Strahlen werden durchgelassen (diathermer Körper). Das ideale Glas würde sich dabei selbst nicht erwärmen. Das Gegenteil d = 0 ist ein Körper mit einer opaken Oberfläche, also ein Körper ohne Transmission (Abb. 1.32).

**Abb. 1.30**   Idealer Reflektor

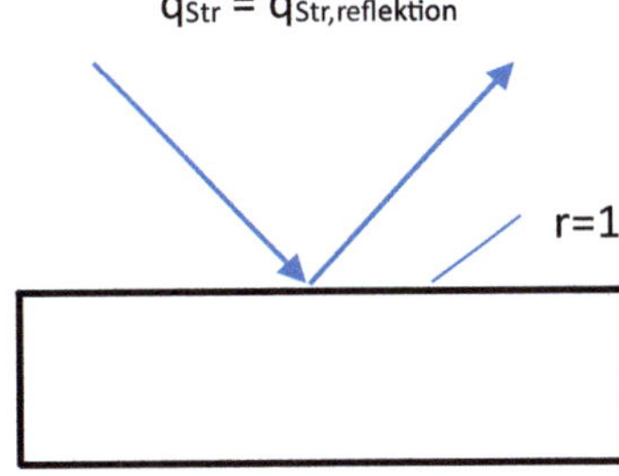


**Abb. 1.31**   Idealer Absorber

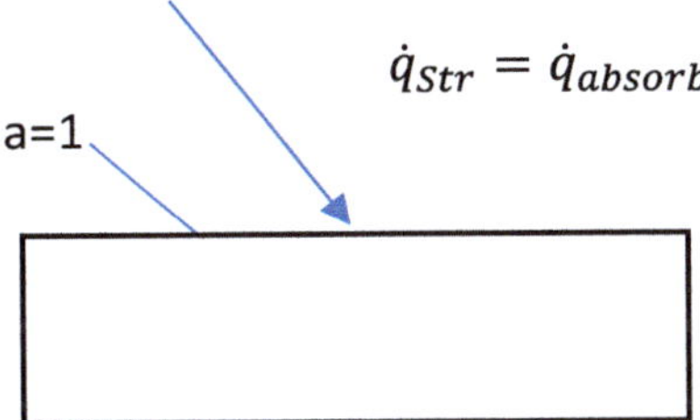


### 1.3.4.1.1  Strahlung des ideal schwarzen Körpers

Der ideal schwarze Körper emittiert den maximal möglichen Energiestrom. Es gilt das Stefan-Boltzmann'sche Gesetz.

$$\dot{q}_{str,schwarz} = \sigma_S T^4 = C_S \left(\frac{T}{100}\right)^4 \tag{1.96}$$

$$\text{mit } C_S = 5,67 \left[\text{W/m}^2\text{K}^4\right] \text{ und } \sigma_S = 5,67 * 10^{-8} \left[\text{W/m}^2\text{K}^4\right]$$

Man erhält das Stefan-Boltzmann'sche Gesetz auch durch die Integration des Planck'-schen Strahlungsgesetzes über alle Wellenlängen.

**Abb. 1.32**   Ideale Durchlässigkeit

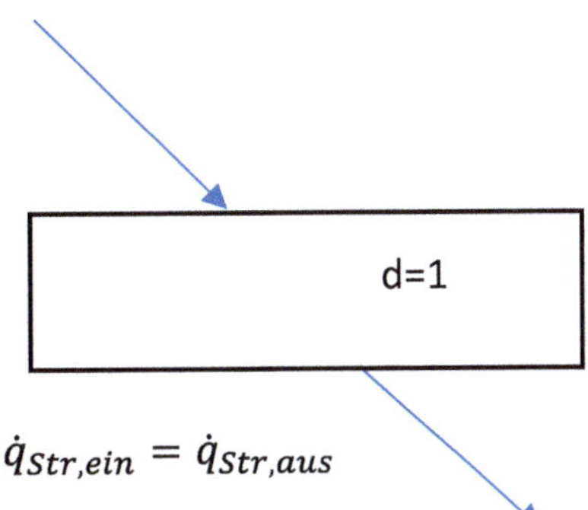

$$E_S(T) = \int_{\lambda=0}^{\lambda=\infty} E_{S,\lambda}(T)d\lambda = \sigma_S T^4 \qquad (1.97)$$

$$\text{mit}\quad E_{S,\lambda}(T) = \frac{C_1}{\lambda^5\left(e^{\left(\frac{C_2}{\lambda T}\right)} - 1\right)} \qquad (1.98)$$

$$\text{und}\ C_1 = 2\,\pi\,c^2 h = 3,7418 * 10^{-16}[\mathrm{Wm^2}]$$
$$C_2 = c\,h/k = 1,438 * 10^{-2}[\mathrm{Km}]$$

wobei h [Js] das Planck'sche Wirkungsquantum, k [J/K] die Boltzmannkonstante und c die Lichtgeschwindigkeit [m/s] ist.

Aus dem Nullsetzten der ersten Ableitung des Planck'schen Strahlungsgesetztes ergibt sich das Wiener'sche Verschiebungsgesetz:

$$\lambda_{max} = 2898 \quad [\mu\mathrm{mK}]/T \qquad (1.99)$$

Es ist die Wellenlänge, bei der ein absolut schwarzer Körper mit der Temperatur T [K] die intensivste Strahlung abgibt.

Die Sonne, die als idealer schwarzer Körper angesehen werden kann, hat eine Temperatur von rund 5800 [K] in der Photossphäre und damit ihr spektrales Emissionsmaximum im sichtbaren Lichtspektrum. Ein schwarzer Strahler leuchtet also im Fall der Sonne weißglühend (Abb. 1.33).

### 1.3.4.1.2 Strahlung realer Körper

Wie wir bereits wissen, hängt das Strahlungsverhalten realer Körper unter anderem vom Absorptionsgrad a, dem Reflektionsgrad rund dem Transmissionsgrad d ab.

Zusätzlich kommt noch eine Abhängigkeit von zwei Raumwinkel hinzu.

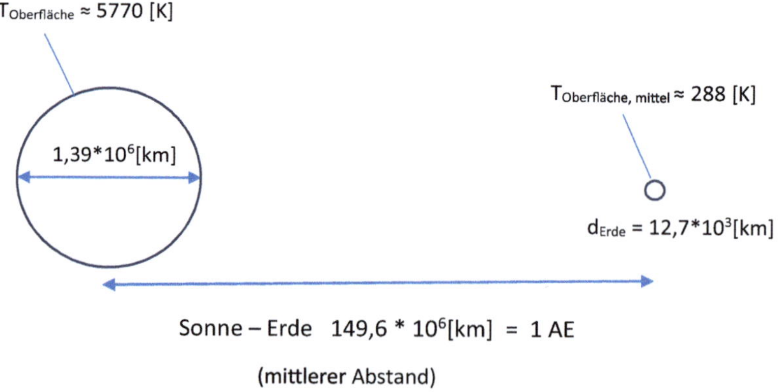


**Abb. 1.33**  Sonne – Erde

**Abb. 1.34**  Strahlung im
Halbraum – Halbkugel

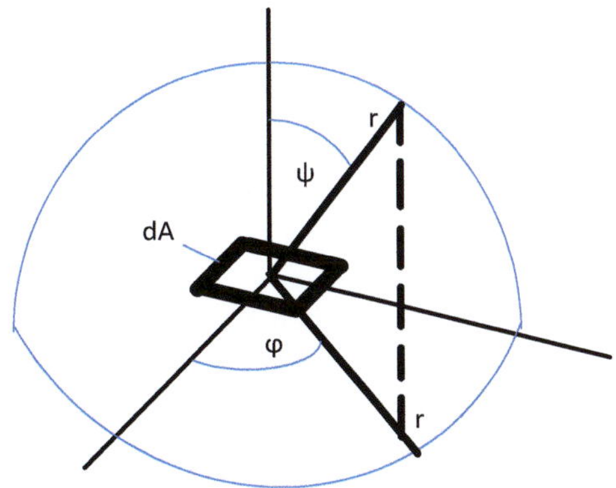

Die Größen a, r und d sind immer zumindest eine Funktion der Temperatur. Im allgemeinsten Fall aber eine Funktion von $f(T,\lambda,\psi,\varphi)$.

Weiters kommt noch hinzu der Emissionsgrad $\varepsilon = f(T,\lambda,\psi,\varphi)$, also die Abschwächung der Abstrahlung gegenüber dem ideal schwarzen Körper (Abb. 1.34).

Diese vier Kennwerte liegen stets zwischen 0 und 1. Für den ideal schwarzen Körper gilt dabei: $\varepsilon = 1$, $a = 1$, $r = 0$ und $d = 0$.

Wir können die realen Körper in zwei Gruppen einteilen. Die grauen Körper, das sind alle elektrischen Nichtleiter und Halbleiter. Für sie gilt: $\varepsilon_{\lambda} = $ konst.

Und in die zweite Gruppe die selektiven Strahler: alle Metalle, Metalloxide aber auch Gase und Dämpfe, die wir später noch getrennt betrachten.

Liegt eine raue Oberfläche vor, erfolgt die Abstrahlung gleichmäßig in alle Richtungen. Es gilt: $\varepsilon_{\psi} = $ konst. und wir sprechen von einem diffusen Strahler (Lambert-Strahler). Bei glatten oder gar polierten Körpern treten direkte Reflektionen auf.

Allgemein gilt:

$$E(T) = \varepsilon(T)C_s\left(\frac{T}{100}\right)^4 \quad \left[\text{W/m}^2\right] \tag{1.100}$$

Für die abgestrahlte Energiestromdichte eines nicht ideal schwarzen Körpers mit der absoluten Temperatur T in [K].

### 1.3.4.1.3 Wärmestrahlung zwischen diffusen, grauen Flächen

Für den Strahlungsaustausch zweier paralleler grauer Flächen mit unterschiedlichen Temperaturen gilt (Abb. 1.35):

$$\dot{Q}_{str,1,2} = A\,\varepsilon_{1,2}\,\sigma_S\left(T_1^4 - T_2^4\right) \tag{1.101}$$

$$\text{mit}\quad \varepsilon_{1,2} = \frac{1}{\frac{1}{\varepsilon_1} + \frac{1}{\varepsilon_2} - 1} \tag{1.102}$$

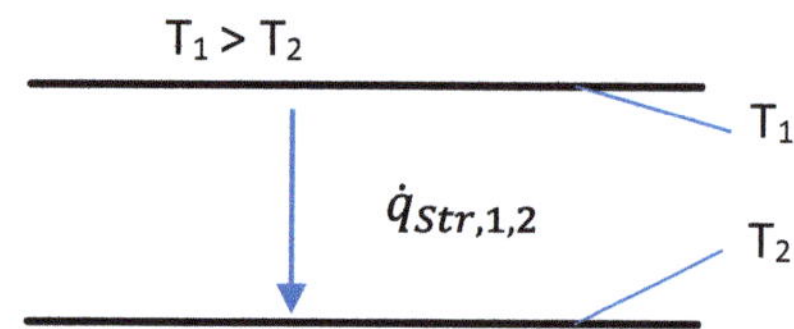

**Abb. 1.35** Strahlung zwischen zwei parallelen Flächen

In der Schicht zwischen den beiden Platten darf keine Gas- oder Staubstrahlung auftreten und die beiden Platten müssen sehr groß sein, um die Strahlungseffekte an den Rändern vernachlässigen zu können.

Weiters gilt für die Wärmestrahlung zwischen einem konvexen Körper und seiner Umhüllung (Abb. 1.36):

$$\varepsilon_{1,2} = \frac{1}{\frac{1}{\varepsilon_1} + \frac{A_1}{A_2}\left(\frac{1}{\varepsilon_2} - 1\right)} \tag{1.103}$$

Wenn für die Fläche $A_1 \ll A_2$ gilt, können wir $\varepsilon_{1,2} \approx \varepsilon_1$ setzen.

Bei allgemeiner Lage der beiden Flächen im Raum müssen wir die Einstrahlungszahl (den Sichtfaktor) ermitteln. Es gilt (Abb. 1.37):

$$\varphi_{1,2} = \frac{1}{\pi A_1} \iint \frac{\cos \beta_1 \cos \beta_2}{s^2} dA_1 dA_2 \tag{1.104}$$

Damit folgt für den Wärmestrom mit der Richtungsverteilung nach Lambert (diffuse Strahler):

$$\dot{Q}_{str,1,2} = \varphi_{1,2}\varepsilon_1\varepsilon_2\sigma_S A_1 \left(T_1^4 - T_2^4\right) \tag{1.105}$$

### 1.3.4.2 Solare und atmosphärische Strahlung

Das Sonnenlicht besteht aus der direkten fokussierbaren Einstrahlung $G_{Dir}$ und einem diffusen ungerichteten Anteil des Sonnenlichts $G_{diff}$, der nicht fokussierbar ist. Dieser Anteil liegt zwischen 10 % und 100 % der Gesamtstrahlung je nach Bewölkung. Damit trifft auf eine horizontale Fläche die Gesamtstrahlung $G_{sol}$.

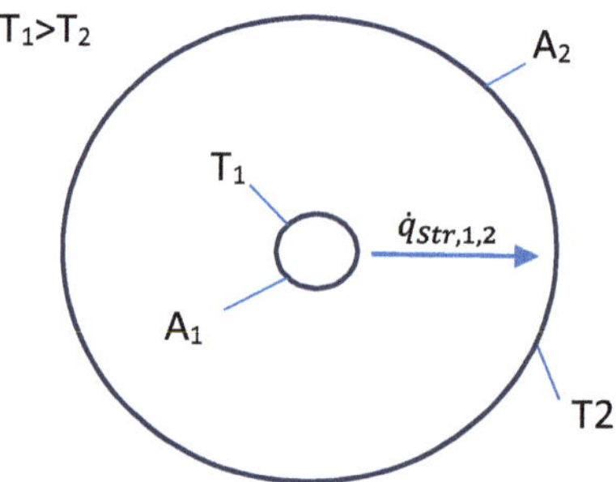

**Abb. 1.36** Strahlung zwischen einem Körper und seiner Umhüllung

**Abb. 1.37**  Einstrahlzahl –
view factor

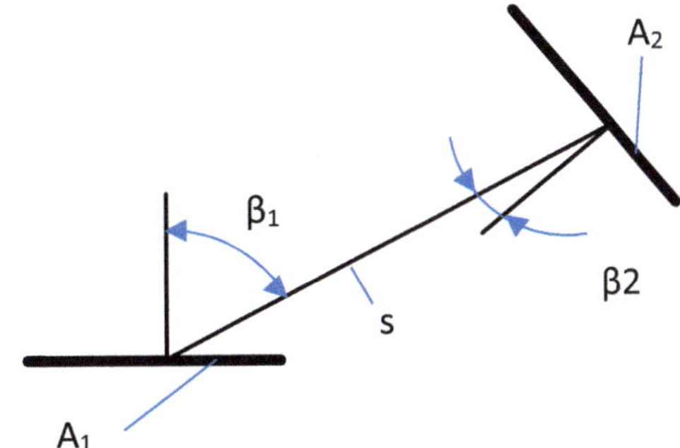


$$G_{sol} = G_{Dir} \cos \psi + G_{diff} \tag{1.106}$$

Wobei $\psi$ der Winkel zwischen der direkten Strahlung und der Flächennormalen ist (Abb. 1.38).

Weiters tritt eine langwellige Einstrahlung der Atmosphäre mit der Himmelstemperatur $T_H$ auf. Die im Bereich von ca. 230 [K] für den klaren Himmel, bis ca. 285 [K] für den bewölkten Himmel reicht.

Damit erhalten wir aus der Strahlungsenergiebilanz (die Konvektion ist dabei noch nicht berücksichtigt) (Abb. 1.39):

$$\dot{q}_{str} = a_S G_{sol} + a \sigma_S T_H^4 - \varepsilon \sigma_S T_W^4 \tag{1.107}$$

Mit dem Kirchhoff'schen Gesetz können wir schreiben a≈ε, da die Himmelstemperatur $T_H$ und $T_W$, die Oberflächentemperatur, dieselbe Größenordnung haben. Für den solaren Absorptionskoeffizienten $a_S$ gelten die Werte aus der Tabelle.

| Oberfläche | Beschaffenheit | $a_S$ | $\varepsilon$ |
|---|---|---|---|
| Aluminium | poliert | 0,09 | 0,03 |
|  | oxidiert | 0,14 | 0,84 |
|  | verwittert | 0,54 | 0,20 |

**Abb. 1.38**  Direkte u. diffuse
Sonnenstrahlung

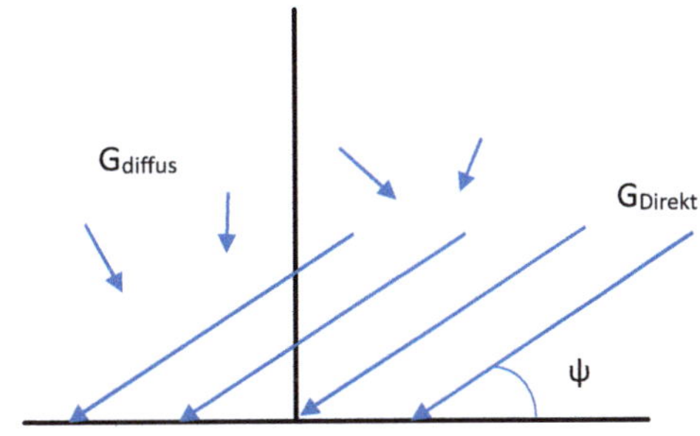

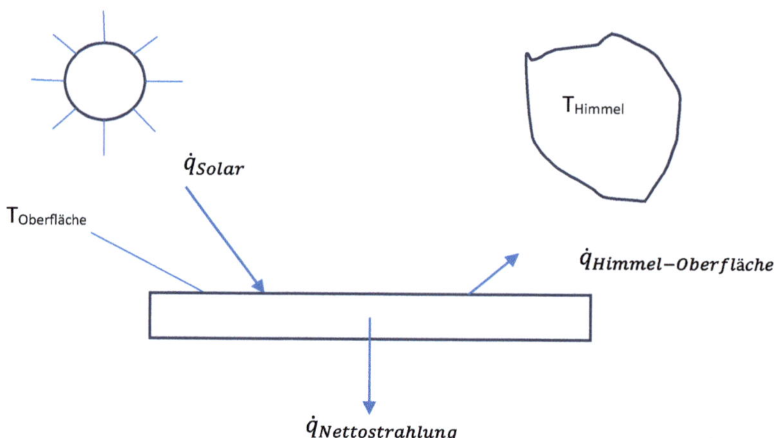


**Abb. 1.39**  Horizontale Fläche mit Sonneneinstrahlung

| Oberfläche | Beschaffenheit | $a_S$ | $\varepsilon$ |
| --- | --- | --- | --- |
| Eisen | poliert | 0,45 | 0,16 |
|  | verzinkt (neu) | 0,38 | 0,66 |
|  | verrostet | 0,90 | 0,83 |
| Zink | Solarabsorber-Schicht | 0,89 | 0,14 |
| Lack | schwarz | 0,97 | 0,97 |
|  | weiß | 0,14 | 0,93 |
| Schnee | Alt | 0,28 | 0,82 |
|  | frisch | 0,13 | 0,90 |
| Wasser |  | 0,98 | 0,90 |
| Haut menschlich | Hell | 0,62 | 0,97 |

Lit. Marek, Nitsch [8].

### 1.3.4.3 Strahlung von Gasen und Stäuben

Wie wir bereits erwähnt haben, darf bei unserem einfachen Modell der Strahlung zwischen zwei Flächen keine Gasstrahlung auftreten. Bei Edelgasen und zweiatomigen Gasen wie $O_2$, $N_2$, $H_2$ ist dies auch kaum der Fall. Deshalb werden diese Gase als diatherm, also für Wärmestrahlen durchlässig bezeichnet.

Mehratomige Gase hingegen wie z. B. $H_2O$-Dampf, $CO_2$, $CH_4$, $SO_2$, HCl, CO, $NH_3$, $O_3$ sind selektive Strahler oder Bandenstrahler. Sie können deshalb nicht mit dem Modell des grauen Strahlers beschrieben werden.

Emissions- und Absorptionsgrade sind unter anderem von der Geometrie des Gasraumes abhängig. Für den gleichwertigen mittleren Strahlungsweg gilt näherungsweise:

$$s_{gl} \approx 0,9 \frac{4\,V}{A} \qquad (1.108)$$

Mit V, dem Volumen des Gasraumes und A, der Oberfläche der Berandung.

Allgemein gilt für den Absorptionsgrad $a = f(T_G, T_W, p, p_i\,s)$. Er ist also von der Gastemperatur, der Wandtemperatur, dem Gasdruck, dem Partialdruck und dem Strahlungsweg abhängig.

Für die wichtigsten strahlenden Abgaskomponenten $H_2O$, $CO_2$ und $SO_2$ sei für die Berechnung von a und $\varepsilon = f(T_G, p, p_i\,s)$ auf den VDI-Wärmeatlas verwiesen.

Für den Strahlungswärmestrom zwischen Gasvolumen und den Wänden gilt dabei:

$$\dot{Q}_{str,G,W} = A\,C_S \frac{\varepsilon}{1-(1-\varepsilon)(1-a)}\left(\varepsilon T_G^4 - a T_W^4\right) \qquad (1.109)$$

Weiters kann noch eine Staubstahlung vorliegen. Diese ist abhängig vom Teilchendurchmesser, der Volumsbeladung, den Oberflächeneigenschaften des Partikels und natürlich von seiner Temperatur.

### 1.3.4.3.1 Treibhauseffekt

Beim Treibhauseffekt in der Atmosphäre bewirkt vor allem das $CO_2$ aber auch $CH_4$ und $N_2O$ eine stärkere Rückreflektion der von der Erdoberfläche im Infrarotbereich emittierten Wärmestrahlung.

Der Effekt ist so groß, dass die Erde ohne $CO_2$ in der Atmosphäre ein Eisplanet wäre. Durch unsere massive Freisetzung von $CO_2$, durch die Verfeuerung der fossilen Brennstoffe, sind wir dabei, das Weltklima nachhaltig zu destabilisieren.

Und es wird noch viel katastrophaler, wenn wir durch die Temperaturerhöhungen die Kipppunkte im Klimasystem Erde erreichen und einen unumkehrbaren Dominoeffekt auslösen. Der Jetstream schwächt sich ab, Grönlandeis schmilzt, Permafrostböden tauen auf, Regenwald wird zu Savanne, um nur einige zu nennen.

Lit. Schellnhuber [27].

Am Problem der Treibhausgase hat $CO_2$ einen Anteil von 66 %, $CH_4$ von 16 % und $N_2O$ von 7 %. Bleibt ein Rest von 11 %, der hauptsächlich durch FCKW's verursacht wird, sie sind als Treibhausgas rund 1000-mal so wirksam wie $CO_2$.

Der $CO_2$ Gehalt in der Atmosphäre liegt derzeit bei 420 [ppm] mit einer Zuwachsrate von 2,5 [ppm/a] pro Jahr.

Vor der industriellen Revolution lag er bei 280 [ppm] und 1980 noch bei 380 [ppm]. Es steht zu befürchten, dass die Temperaturerhöhung 2100 bei 3 [°C] ($CO_2$ bei 560 [ppm]) bis zu 6 [°C] im globalen Temperaturmittel liegt. Damit wäre die 2 [°C] Grenze (ca. 450 [ppm] $CO_2$) überschritten und Kipppunkte erreicht.

### 1.3.4.4  Wärmeübergangszahl für Strahlung

Wenn an der Oberfläche z. B. einer Platte Strahlung und Konvektion gemeinsam auftreten, ist es naheliegend, diese zu einer gemeinsamen Wärmeübergangszahl zusammenzufassen. Es gilt:

$$\alpha_{Ges} = \alpha_{Str} + \alpha_{Konv} \quad \left[\mathrm{W/m^2 K}\right] \tag{1.110}$$

$$\alpha_{Str} = \varepsilon_{1,2}\sigma_S \frac{\left(T_1^4 - T_2^4\right)}{\left(T_1 - T_{2*}\right)} \tag{1.111}$$

Im Allgemeinen ist dabei $T_2 \neq T_{2*}$, denn $T_{2*}$ ist die Fluidtemperatur des die Platte umströmenden Mediums und $T_2$ die Temperatur der Fläche 2, mit der die Fläche 1 im Strahlungsaustausch steht.

## 1.4    Stoffdatenermittlung u. Gasmischungen

In der Wärmetechnik haben wir es mit Festkörpern, Flüssigkeiten und Gasen zu tun. Auch die Phasenwechsel, die da sind Schmelzen, Verdampfen und Kondensieren, können von Bedeutung sein.

Es treten also eine Vielzahl von Stoffdaten auf, die oft ihrerseits von der Temperatur und vom Druck abhängen.

Wir beschränken uns vorerst auf die idealen Gase und Gasmischungen, um die Dichten und spezifischen Wärmekapazitäten zu berechnen. Die für die Berechnung der Konvektion notwendigen Stoffwerte, kinematische Zähigkeit und Prandtl-Zahl, werden wir als Stoffwertpolynome erst in Kap. 2 berechnen.

Dort erfolgt dann auch die Einführung in die Stoffwertbibliotheken von Python. Aber auch damit können nicht alle Fälle der Praxis abgedeckt werden und es muss auf den VDI-Wärmeatlas bzw. die vertiefende Literatur verwiesen werden.

### 1.4.1    Stoffdaten in Abhängigkeit von Druck und Temperatur

Es sei hier, wie bereits erwähnt, auf das Kap. 2 hingewiesen.

### 1.4.2    Gasmischungen idealer Gase

Im moderaten Druck und Temperaturbereich gelten die Gleichungen für ideale Gase, darüber hinaus aber nur mit eingeschränkter Genauigkeit. Man kann dann auf die Van-der-Waals-Gleichung umsteigen und so die Genauigkeit der Berechnungen wieder erhöhen.

Trockene Luft, feuchte Luft, Abgase (Rauchgase), Brenngasmischungen usw. können mit den nun folgenden Gleichungen berechnet werden.

Solange die einzelnen Gaskomponenten nicht miteinander chemisch reagieren.
Es gilt:

$$p_{ges}V = m_{ges}R_{mix}T \qquad (1.112)$$

für die Gasmischung bzw.

$$p_i V = m_i R_i T \qquad (1.113)$$

Jede einzelne Gaskomponente füllt den gesamten Raum, hat die gleiche Temperatur wie die der Gasmischung, aber einen kleineren Partialdruck $p_i$ als dem Gesamtdruck $p_{ges}$.

### 1.4.2.1 Raumanteile und Massenanteile

Die Raumanteile sind definiert als

$$r_i = \frac{[Vol.\%\,]_i}{100} = \frac{V_i}{V_{ges}} \qquad (1.114)$$

$$\sum r_i = 1 \qquad (1.115)$$

und analog gilt für die Massenanteile

$$g_i = \frac{[Gew.\%\,]_i}{100} = \frac{m_i}{m_{ges}} \qquad (1.116)$$

$$\sum g_i = 1 \qquad (1.117)$$

### 1.4.2.2 Partialdrücke – Gesamtdruck

Es gilt das Gesetz von Dalton – die Summe der Partialdrücke entspricht dem Gesamtdruck.

$$p_i = r_i p \qquad (1.118)$$

$$p = \sum p_i \qquad (1.119)$$

Für die Wasserdampfkomponente einer Gasmischung ist die Größe des Partialdrucks besonders wichtig, denn anhand der Dampftafel kann die dazugehörige Sättigungstemperatur ermittelt werden. Ist die Temperatur der Gasmischung kleiner als $T_S$, so kondensiert der Wasserdampf bereits aus.

### 1.4.2.3 Molmassen, Gaskonstante

$$M_{mix} = \sum M_i r_i \qquad (1.120)$$

Die genauen Werte der Molmassen können dem Periodensystem der Elemente entnommen werden. Hier die gerundeten Werte zum Merken für die Berechnung der Molmassen unserer wichtigsten Gasmischungen:

| Kohlenstoff | $M_C = 12$ | [kg/kmol] |
|---|---|---|
| Sauerstoff | $M_O = 16$ | [kg/kmol] |
| Stickstoff | $M_N = 14$ | [kg/kmol] |
| Wasserstoff | $M_H = 1$ | [kg/kmol] |
| Schwefel | $M_S = 32$ | [kg/kmol] |
| Trockene Luft | $M_{tr.L} \approx 29$ | [kg/kmol] |

Für eine vereinfachte technische Verbrennungsrechnung kann die trockene Verbrennungsluft mit 21 [Vol.%] Sauerstoff und 79 [Vol.%] Stickstoff angenommen werden. Der Anteil von $CO_2$ in der Luft sowie die Edelgase werden dabei dem Stickstoff zugeschlagen, dessen Anteil in Wirklichkeit bei 78 [Vol.%] liegt. Bei der Berechnung einer Gasstrahlung hingegen darf der $CO_2$ Anteil in der Luft sowie der Wasserdampfanteil nicht vernachlässigt werden.

Man erhält die spezielle Gaskonstante einer Gasmischung mit:

$$R_{mix} = \sum R_i g_i \tag{1.121}$$

Die allgemeine oder molare Gaskonstante können wir mit einem gerundeten Wert von.

$$R_M = 8314 \quad [\text{J/kmolK}] \tag{1.122}$$

ansetzen. Weiters gilt dabei für die einzelne Gaskomponente:

$$R_i = \frac{R_M}{M_i} \tag{1.123}$$

Damit können auch die Gewichtsanteile in Raumanteile und umgekehrt umgerechnet werden.

$$r_i = g_i \frac{M_{mix}}{M_i} = g_i \frac{R_i}{R_{mix}} \tag{1.124}$$

### 1.4.2.4 Normdichte, Betriebsdichte

Für die Berechnung der Normdichte müssen wir als erstes den Normzustand eines Gases definieren. Die Normtemperatur liegt bei $T_N = 0$ [°C], also 273,15 [K] und der Normdruck bei $p_N = 1,01325$ [bar].

Damit können wir über die Loschmidt-Konstante $V_M = 22,4138$ [$m^3_N$/kmol] die Normdichte einer Gaskomponente berechnen

$$\rho_{N,i} = \frac{M_i}{V_M}$$ (1.125)

und in weitere Folge die Normdichte der Gasmischung.

$$\rho_{N,mix} = \sum r_i \rho_{N,i} = \frac{M_{mix}}{V_M}$$ (1.126)

Soll aus einem Massenstrom der tatsächliche Betriebsvolumenstrom errechnet werden, benötigen wir die Betriebsdichte. Diese hängt von dem aktuell herrschenden Druck und der tatsächlichen örtlichen Temperatur ab. Es gilt:

$$\rho_{B,mix} = \frac{p_B T_N \rho_{N,mix}}{p_N T_B}$$ (1.127)

Für Betriebsdrücke um $\approx 1$ [bar] könnte der Druckeinfluss vernachlässigt werden.

$$\rho_{B,mix} \approx \frac{T_N \rho_{N,mix}}{T_B}$$ (1.128)

### 1.4.2.5 Spezifische Wärmekapazitäten, Enthalpien, innere Energien

Für feste und flüssige Körper gilt $c_p = c_v = c$. Die spezifische Wärmekapazität bei konstantem Druck entspricht jener bei konstanten Volumen und kann einfach mit c [kJ/kgK] bezeichnet werden.

Für Gase und Dämpfe gilt hingegen $c_p > c_v$.

Dieser Quotient ist der Isentropenexponent, er ist für gleichatomige Gase nahezu konstant.

$$\kappa = \frac{c_p}{c_v} \approx \text{konst.}$$ (1.129)

Streng genommen gilt aber:

$$\kappa = f(p, T)$$

Für die einatomigen Edelgase gilt $\kappa = 1{,}66$, unabhängig von Druck und Temperatur.

Für die Zweiatomigen Gase $N_2$, $O_2$, CO, $H_2$, tr. Luft gilt näherungsweise $\kappa \approx 1{,}4$

Und schließlich für mehratomige Gase wie $CO_2$, $H_2O$, $NH_3$ gilt wieder nur näherungsweise $\kappa \approx 1{,}3$

Für alle idealen Gase gilt immer, also unabhängig von Druck und Temperatur:

$$R = c_p - c_v = \frac{R_M}{M}$$ (1.130)

Während die folgenden zwei Gleichungen Aufgrund der Temperatur und Druckabhängigkeit von $\kappa$ bei zwei und mehratomigen Gasen nur eine eingeschränkte Genauigkeit besitzen.

$$c_p = \frac{\kappa R}{\kappa - 1} \quad [\text{J/kg K}] \tag{1.131}$$

$$c_v = \frac{R}{\kappa - 1} \quad [\text{J/kg K}] \tag{1.132}$$

Für die Gasmischungen gilt dann:

$$c_{p,mix} = \sum c_{p,i} g_i \tag{1.133}$$

$$c_{v,mix} = \sum c_{v,i} g_i \tag{1.134}$$

Bei der Verwendung von Stoffwertpolynomen sogar fast exakt.

Da im Anlagebau auch oft bezogen auf den Normzustand gerechnet wird, benötigen wir noch die folgenden Gleichungen:

$$c_{p,N,mix} = c_{p,mix} \rho_{N,mix} \quad [\text{J/m}_N^3 \text{ K}] \tag{1.135}$$

$$c_{v,N,mix} = c_{v,mix} \rho_{N,mix} \quad [\text{J/m}_N^3 \text{ K}] \tag{1.136}$$

$$c_{p,N,mix} = \sum c_{p,N,i} r_i \tag{1.137}$$

$$c_{v,N,mix} = \sum c_{v,N,i} r_i \tag{1.138}$$

Weiters gilt für die spezifischen Wärmekapazitäten:

$$c_p = \frac{dh}{dT} \quad c_v = \frac{du}{dT}$$

Die erste Ableitung der spezifischen Enthalpie bzw. spezifischen inneren Energie nach der Temperatur.

Damit ergibt sich für die Enthalpie einer Gasmischung:

$$H_{mix} = m_{ges} h_{mix} = m_{ges} c_{p,mix} T = \sum \left( m_i c_{p,i} \right) T \tag{1.139}$$

Für die innere Energie einer Gasmischung folgt:

$$U_{mix} = m_{ges} u_{mix} = m_{ges} c_{v,mix} T = \sum \left( m_i c_{v,i} \right) T \tag{1.140}$$

## 1.5  Sonnenenergie

### 1.5.1  Einleitung

Unsere Sonne ist rund 4,7 Mrd. Jahre alt und maßgebend für den Erhalt des Lebens auf der Erde. Wir wollen als erstes mithilfe des Stefan-Boltzmann'schen Strahlungsgesetzes die Abstrahlleistung der Sonne in das Weltall berechnen. Es gilt:

$$\dot{Q}_{str,S} = \sigma_s T_s^4\, 4\, \pi\, r_s^2 = 3,85 * 10^{26} [\text{W}] \tag{1.141}$$

wobei $\sigma_s = 5,67 * 10^{-8}$ [W/m$^2$K$^4$] die Stefan-Boltzmannzahl, $T_s = 5780$ [K] die Temperatur in der Photosphäre der Sonne und $r_s = 6,96 * 10^8$ [m] der Radius der Sonne sind. Im Inneren beträgt die Temperatur rund 16 Mio. [K]. Dieser riesige Energiestrom entsteht durch die Kernfusion von Wasserstoff zu Helium.

Damit können wir die mittlere sowie die maximale und minimale spezifische Wärmestromdichte am Rand unserer Erdatmosphäre berechnen:

$$\dot{q}_{str,Erde} = \frac{\dot{Q}_{str,S}}{4\pi\, r_i^2}\quad \left[\text{W/m}^2\right] \tag{1.142}$$

der mittlere Abstand Sonne Erde ist $r_{mittel} = 1,496 * 10^{11}$ [m] dies entspricht 1 AE (astronomischen Einheit).

$$\text{Sowie } r_{min} = 1,471 * 10^{11} [\text{m}] \text{ und } r_{max} = 1,521 * 10^{11} [\text{m}].$$

damit liegt die extraterrestrische Solarkonstante im Mittel bei 1370 [W/m$^2$], maximal im Perihel (Winter) der Erde bei 1417 [W/m$^2$] und minimal im Aphel (Sommer) bei 1325 [W/m$^2$] der Ellipsenbahn unseres Heimatplaneten.

Damit können wir leicht die pro Jahr in die Erdatmosphäre eingestrahlte Energiemenge berechnen und mit unserem derzeitigen Energieverbrauch vergleichen.

$$E_{Erde,Solar} = \dot{q}_{str,Erde} A_{proj,Erde}\, \Delta t \ [\text{J}] \tag{1.143}$$

mit $r_{Erde} = 6,365 * 10^6$ [m] dem Erdradius und $\Delta t$ [s] der Anzahl der Sekunden eines Erdjahres erhält man eine Energiemenge von $E_{Erde,Solar} = 5.497.590$ [EJ].

Wenn wir das mit dem derzeitigen Primärenergieverbrauch der Menschheit von ca. 580 [EJ] ins Verhältnis setzen, kommen wir auf einen Faktor von rund 9500. Das heißt, es ist mehr als genug Energie vorhanden, nur unsere Energieumwandlungsanlagen sind Großteils noch die falschen – sprich fossile CO2 – Schleudern. Dies ist neben den Methan- und Lachgasemissionen der Kern unseres Problems.

Betrachten wir zuerst den einfachen Fall einer Erde ohne Atmosphäre. Für das Strahlungsgleichgewicht gilt:

$$\alpha_m q_{str,solar} \pi\, r^2 = \varepsilon_m \sigma_s T_m^4 4\pi\, r^2 \tag{1.144}$$

Mit $\alpha_m = 0{,}7$ dem mittleren Absoptionsgrad der Erde, $\varepsilon_m = 1$ dem mittleren Emissionsgrad (strahlt wie ein schwarzer Körper) und den bereits bekannten Größen $q_{str,solar}$, $r_{Erde}$ und $\sigma_s$ erhalten wir eine mittlere Temperatur von 255 [K]. Also − 18 [°C] wir hätten einen Eisplaneten.

Zur Zeit haben wir eine mittlere Temperatur von ca. 15 [°C] (weltweiter Mittelwert). Das ist den Treibhausgasen vor allem dem Wasserdampf und dem Kohlendioxid, zu verdanken. Aber wir liegen schon 1,1 [°C] (weltweiter Mittelwert) über dem Normalwert durch den Klimawandel. Denn der $CO_2$ Wert liegt bei bedenklichen 420 [ppm] und damit fast 50 % über dem Wert vor der industriellen Revolution.

## 1.5.2  Nutzung der Sonnenenergie

Die Zusammenhänge beim Eintritt des Sonnenlichts in die Atmosphäre sind also äußerst komplex und nicht einfach mathematisch beschreibbar. Schließlich spielt sich das gesamte Wettergeschehen in dieser für unser Leben und Überleben notwendigen Atmosphäre ab.

Der eingestrahlte Maximalwert liegt bei 1000 [W/m$^2$] und wird als Globalstrahlung bezeichnet. Er setzt sich aus der Direktstrahlung (fokussierbar) und der Diffusstrahlung (nicht fokussierbar) zusammen. Die gesamte pro Jahr in unseren Breiten eingestrahlte Energiemenge liegt bei ca. 1000 [kWh/m$^2$a]. Diese Energiemenge kann also thermisch durch Sonnenkollektoren oder elektrisch durch Photovoltaikmodule genutzt werden: Mit Gesamt-Anlagenwirkungsgraden von ca. 50–60 % bei der thermischen Nutzung, bzw. ca. 10–15 % bei der elektrischen Nutzung. Mit dem PVGIS Photovoltaic Geographical Information System der EU ist für ganz Europa und darüber hinaus die schnelle Berechnung der Performance Daten einer PV-Anlage möglich. https://re.jrc.ec.europa.eu/pvg_tools/de/tools.html

## 1.5.3  Sonnenstand

Betrachten wir vorerst nur die auf der Erdoberfläche auftretende Sonnenenergie und deren Abhängigkeit vom Standort, der Jahreszeit und der Tageszeit.

Der Deklinationswinkel δ, also der Winkel zwischen der Sonne und der Äquatorebene der Erde, kann bei praktischen Berechnungen während eines Tages als ungefähr konstant angesehen werden. Es gilt:

$$\delta = 23{,}44 \sin\left(\frac{360}{365{,}25}(TN - 80)\right) \quad [°] \tag{1.145}$$

TN Tagesnummer 1–365 (366 – Schaltjahr).

Der Deklinationswinkel schwankt zwischen $-23{,}44°$ am 22.Dezember und 23,44° am 22. Juni. Am 21. März und am 23. September ist er gleich 0° (Abb. 1.40).

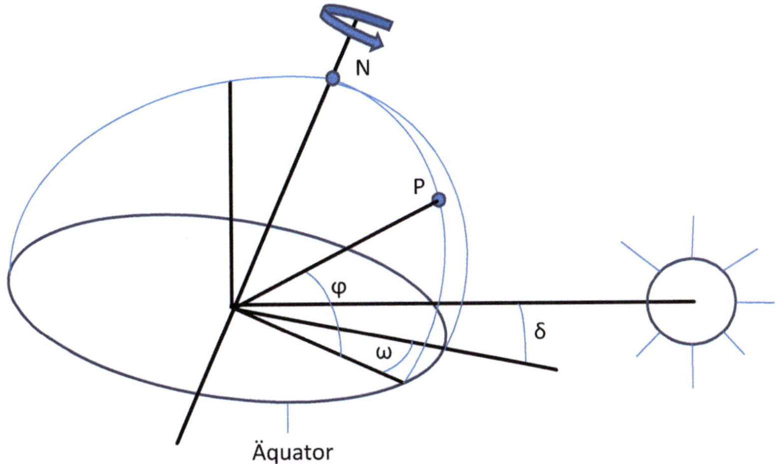


**Abb. 1.40** Deklination δ, Breitengrad φ u. Stundenwinkel ω

Für die Berechnung der astronomischen Taglänge gilt:

$$S_0 = \frac{24}{\pi}\arccos(-\tan\delta\tan\varphi) \quad [h] \tag{1.146}$$

Mit $\phi$ als Breitengrad [°], also dem Winkel zwischen der Äquatorebene und der Ebene des jeweiligen Breitenkreises.

Damit kann einfach der Zeitpunkt für Sonnenaufgang bzw. Sonnenuntergang bestimmt werden. Beide Werte beziehen sich auf die Sonnenzeit, also die wahre Ortszeit.

$$t_{SA} = 12 - S_0/2 \text{ Sonnenaufgang } [h] \tag{1.147}$$

$$t_{SU} = 12 + S_0/2 \text{ Sonnenuntergang } [h] \tag{1.148}$$

Weiters ist die Berechnung des Sonnenstands notwendig. Diese Berechnung liefert das Sonnenweg-Diagramm, also die Sonnenhöhe $\gamma_S[°]$ und den Süd-Azimuth $\psi_S[°]$ von Sonnenaufgang bis Sonnenuntergang für das gesamte Jahr eines Standortes auf der Erde.

$$\gamma_S = \arcsin(\sin\varphi\sin\delta + \cos\omega\cos\varphi\cos\delta) \tag{1.149}$$

Die $\gamma_S$ Sonnenhöhe ist der Winkel in der vertikalen Ebene, gemessen zwischen Sonnenstrahl und der Projektion des Sonnenstrahls auf eine horizontale Ebene (siehe Abb. 1.41). Der Elevationswinkel ist also 0° am Horizont und wäre 90° am Zenit.

Der Stundenwinkel ω hat den Wert von jeweils 15 [°/h], da sich die Erde in 24 [h] einmal um die eigene Achse dreht. Er wird mit der Gleichung:

$$\omega = 15(SZ - 12)\text{Stundenwinkel}\left[°\right] \tag{1.150}$$

berechnet. Für 12 [h] Mittags ist er gleich Null. Damit gilt: vormittags ω<0 und nachmittags ω>0. SZ ist in Gl. 1.150 die Sonnenzeit, also die wahre Ortszeit.

Für die Berechnung des Azimut Winkel, der Sonne gilt:

$$\psi_S = +/- \arccos(\frac{\sin\varphi\,\sin\gamma_S - \sin\delta}{\cos\varphi\,\cos\gamma_S})$$

(1.151)

$\Psi_S$ Sonnenazimut$- \leq 12[h], + > 12$ [h].

Der Azimutwinkel entspricht den Himmelsrichtungen.

Auf der Nordhalbkugel: 0° Süden, 90° Westen, 180° Norden und 270°Osten.

Auf der Südhalbkugel: 0° Norden, 90° Osten, 180° Süden und 270° Westen (Abb. 1.41).

Wir werden diese Berechnungen in Kap. 3 mit dem Python-Modul pvlib durchführen. Die Berechnung des Sonnenstandes kann auch nach DIN 5034–2 durchgeführt werden.

Wir betrachten vorerst wieder nur den maximalen bzw. minimalen Wert der Sonnenhöhe bei Süd Azimuth 0 [°], also zur Mittagszeit, wenn die Sonne am höchsten am Himmel steht.

Durch die Neigung der Erdachse um $\delta_E = 23{,}4°$ entstehen ja bekanntlich die ausgeprägten Jahreszeiten in unseren Breiten. Dass diese Neigung der Erdachse stabil bleibt, ist übrigens auf den Einfluss des Mondes zurückzuführen.

Am höchsten steht die Sonne auf der Nordhalbkugel zur Sommersonnenwende (21.Juni) über dem Horizont, es gilt:

$$\gamma_{S,max} = 90° - (\varphi - \delta_E)$$

(1.152)

Für die Wintersonnenwende (21.Dezember) gilt damit (Abb. 1.42):

$$\gamma_{S,min} = 90° - (\varphi + \delta_E)$$

(1.153)

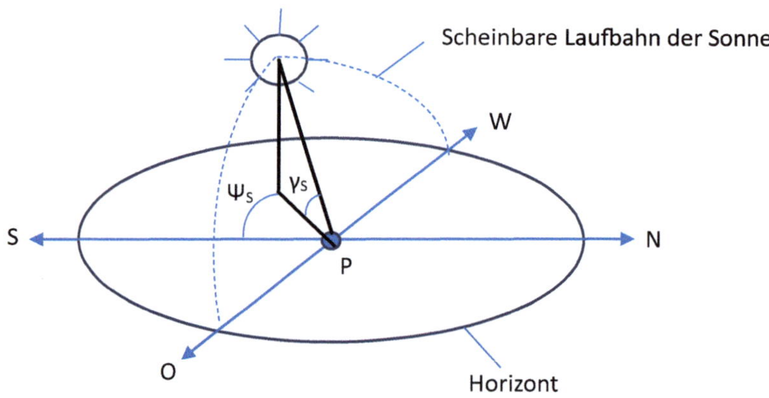


**Abb. 1.41** Azimutwinkel $\psi_S$ u. Sonnenhöhe $\gamma_S$

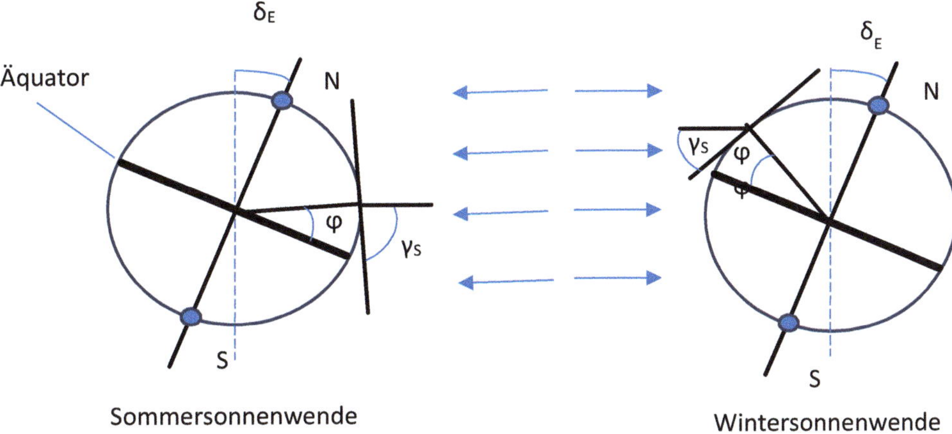


**Abb. 1.42** Maximale- Minimale Sonnenhöhe

Wobei $\phi$ die geographische Breite, also der Breitengrad ist. Im Winter fällt somit die Strahlung viel flacher ein und wird durch die Atmosphäre viel stärker abgeschwächt. Das heißt, soll unser Sonnenkollektor zur Heizungsunterstützung dienen, werden wir ihn steiler positionieren, ca. 70° (Nutzung vorwiegend im Winter). Dient er nur der Warmwassergewinnung, so ist es sinnvoll, ihn flacher aufzustellen, ca. 30°. Oder wir wählen einen Durchschnittswert von ca. 45°. Eine exakte Ausrichtung nach Süden ist dabei natürlich optimal. Eine Nachführung von Sonnenaufgang bis Sonnenuntergang wäre das absolute Optimum, wird aber selbst bei der Photovoltaik nur selten ausgeführt. Bei den solarthermischen Hochtemperatur Turmkraftwerken im Sonnengürtel der Erde wird diese zwei Achsen Nachführung hingegen immer realisiert.

### 1.5.4 Atmosphärische Massenzahl

Gehen wir erstes wieder zurück zu unserem Schwarzkörperspektrum, das ja idealisiert ist. Das tatsächliche Spektrum außerhalb der Atmosphäre wird als AM0 bezeichnet und ist in seinem Verlauf über die Wellenlänge viel komplizierter. Wobei AM als Abkürzung für ‚Air Mass' steht. AM wird auch als atmosphärische Massenzahl bezeichnet. Je nach Sonnenhöhenwinkel haben wir einen unterschiedlich langen Durchtrittsweg durch unsere Atmosphäre, es gilt (Abb. 1.43):

$$AM = \frac{1}{\sin \gamma_s} \tag{1.154}$$

Wir werden in Kap. 3 wieder mit dem Python Modul pvlib die Sonnenspektren für verschiedene AM-Werte berechnen. Diese Sonnenspektren beinhalten den für unsere Augen sichtbaren Bereich des Sonnenlichts, den Ultravioletten und den Infraroten Bereich des

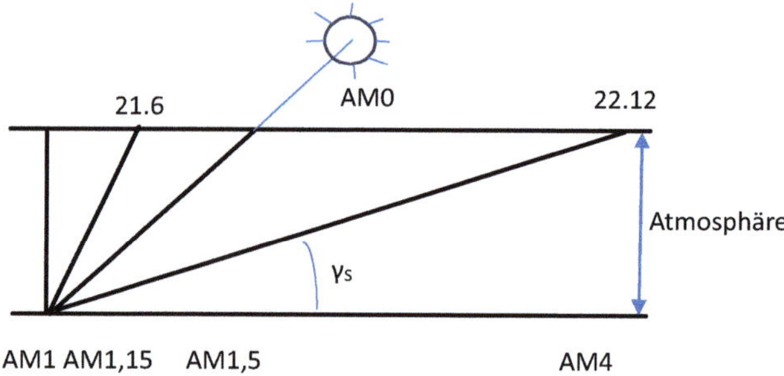

**Abb. 1.43**  Durchtrittsweg durch die Atmosphäre



Sonnenlichts. Vor allem durch die Wasserdampf- und $CO_2$ Absorption kommt es vermehrt im Infrarotbereich zu Lücken im Spektrum des Sonnenlichts.

Ein Spektrum von AM = 1,5, das ungefähr zu Frühlings- bzw. Herbstbeginn zur Mittagszeit auftritt, wird üblicherweise als Standardspektrum zur Vermessung von PV-Modulen herangezogen.

### 1.5.5  Strahlung auf geneigte Flächen

Als erstes benötigen wir den Winkel zwischen der direkten Sonneneinstrahlung und der Flächennormalen der geneigten Fläche. Allgemein gilt (Abb. 1.44):

$$v = \arccos(\cos \gamma_S \sin \beta \cos (\psi_S - \psi) + \sin \gamma_S \cos \beta) \qquad (1.155)$$

$v$ Einfallswinkel der Sonne bezüglich der Flächennormale $[°]$

$\beta$ Flächenneigung $[°]$

$\psi$ Azimut $-$ Ausrichtung der Fläche(Kollektor oder Modul)$[°]$

Mit den Sonderfällen:

**Abb. 1.44**  Solarstrahlung auf geneigte Flächen

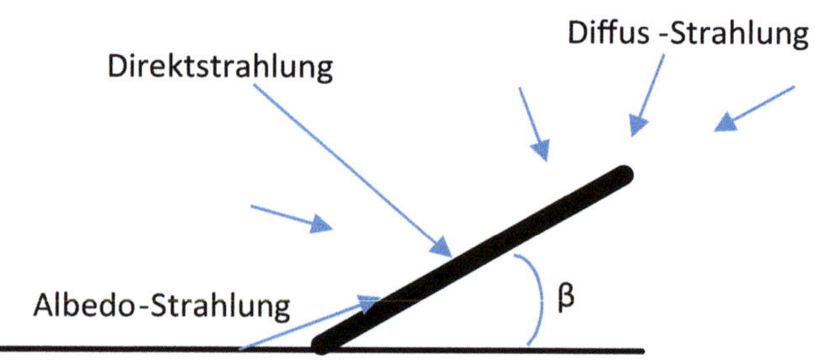

- $\beta = 0°$ horizontale Fläche $\rightarrow \cos \upsilon = \sin \gamma_S$
- $\beta = 90°$ vertikale Fläche $\rightarrow \cos \upsilon = \cos \gamma_S \cos(\psi_S - \psi)$
- $\psi = 0°$ nach Süden ausgerichtet

$$\rightarrow \cos \upsilon = \cos \gamma_S \sin \beta \cos \psi_S + \sin \gamma_S \cos \beta$$

Damit kann bei der Kenntnis der Einstrahlung auf eine horizontale Fläche (z. B. aus Messwerten für $G_{Dir,0}$ und $G_{diff,0}$) die Sonnenstrahlung auf die geneigte Fläche errechnet werden.

$$G_{sol,\upsilon} = \frac{G_{Dir,0}}{\sin \gamma_S} \cos \upsilon + G_{diff,0} \left( \frac{1}{2} + \frac{1}{2} \cos \beta \right) + G_{sol} Al \left( \frac{1}{2} - \frac{1}{2} \cos \beta \right) \quad (1.156)$$

Wobei $G_{sol} = G_{Dir,0} + G_{diff,0}$ und Al der Albedo-Faktor ist (Durchschnittswert Al$= 0,2$, Neuschnee Al$= 0,75$ bis $0,90$, Asphalt Al$= 0,10$ bis $0,15$).

### 1.5.6   Lokale Standardzeit

Bisher haben wir immer mit der Sonnenzeit gerechnet für die Berechnung der Lokalen Standardzeit LST also unserer Uhrzeit gilt:

$$LST = SZ + c - ZG - \frac{\lambda - \lambda_{St}}{15} \quad (1.157)$$

c Zeitverschiebung $\rightarrow$ Sommerzeit $+ 1[h]$ Winter $0[h]$

$\lambda$ Längengrad $\left[ ° \right]$ Bezug Greenwich.

$\lambda_{St}$ Längengrad MEZ $= 15°$

$$ZG = -0,128 \sin (TW - 2,8) - 0,165 \sin(2\, TW + 19,7) \quad (1.158)$$

ZG Zeitgleichung [h]

$$TW = \frac{TN\, 360}{365,25} \quad \text{Tageswinkel in } [°].$$

## 1.6   Brennstoffe – Verbrennungsrechnung

Als Primärenergieträger haben wir drei Gruppen:

- Die fossilen Brennstoffe mit Braunkohle, Steinkohle, Erdöl und Erdgas.
- Die erneuerbaren Energien mit Sonne, Wasser, Wind, Erdwärme und Biomasse.
- Sowie die Kernbrennstoffe mit Uran und Thorium.

Die Primärenergie ist also die Energie in ursprünglicher, noch nicht technisch aufbereiteter Form.

Daraus wird mit Umwandlungsverlusten die Sekundärenergie, also technisch nutzbare Energieträger, die dem Endverbraucher zugeführt werden. Bei der Gruppe der fossilen Brennstoffe sind dies:

- Briketts, Koks, Heizöle, Kraftstoffe, Flüssiggas und aufbereitetes Erdgas.
- Bei den erneuerbaren Energien die Brennstoffe: Biogas, Wasserstoff, Biokraftstoffe, Holz usw.

Im nächsten Umwandlungsschritt wird daraus die Nutzenergie:

Wärme, Kälte, mechanische Arbeit, chemisch gebundene Energie, Licht, Schall usw.

Und im letzten Umwandlungsschritt, die Energiedienstleistung:

klimatisierte Räume, Warmwasser, Antrieb von Maschinen, Fortbewegung, Produktionsprozesse, Beleuchtung, Kommunikation.

## 1.6.1  Einleitung

Für unsere fossilen und regenerativen Brennstoffe berechnen wir den Oxidationsvorgang mit dem Luftsauerstoff, bestimmen die Menge der notwendigen Verbrennungsluft, Abgasmenge und Zusammensetzung sowie die bei der Verbrennung freigesetzten Energiemenge. Weiters gehen wir noch auf die $CO_2$– Problematik ein.

## 1.6.2  Feste und flüssige Brennstoffe

### 1.6.2.1  Reaktionsgleichungen, Luftbedarf

Wir betrachten als erstes die Reaktionsgleichungen der brennbaren Bestandteile unserer festen oder flüssigen Brennstoffe:

$$C + O_2 \rightarrow CO_2$$

$$H_2 + \tfrac{1}{2}\,O_2 \rightarrow H_2O$$

$$S + O_2 \rightarrow SO_2$$

Dabei setzen wie voraus das genügend Sauerstoff für eine vollständige Verbrennung vorhanden ist, also CO nur im [ppm] – Bereich entsteht.

Mit Kenntnis der gerundeten Molmassen $M_i$ in [kg/kmol] können wir die Reaktionsgleichungen in Massebilanzgleichungen überführen und damit die Gleichung für den minimalen Sauerstoffbedarf aufstellen. Die exakten Molmassen können dem Periodensystem der Elemente entnommen werden.

$$12\left[\text{kg/kmol}\right]C + 32\left[\text{kg/kmol}\right]O_2 = 44\left[\text{kg/kmol}\right]CO_2$$

Unsere Gleichung mit der schlechten Nachricht für den Klimawandel aus 1 [kg] Kohlenstoff wird bei der Verbrennung 3,67 [kg] Kohlendioxid.

$$2\left[\text{kg/kmol}\right]H_2 + 16\left[\text{kg/kmol}\right]O_2 = 18\left[\text{kg/kmol}\right]H_2O$$

$$32\left[\text{kg/kmol}\right]S + 32\left[\text{kg/kmol}\right]O_2 = 64\left[\text{kg/kmol}\right]SO_2$$

Damit folgt:

$$O_2, \min = 8/3\, g_C + 8\, g_{H2} + g_S - g_{O2}\left[\text{kg } O_2/\text{kg Brennstoff}\right] \qquad (1.159)$$

Wobei $g_i$[Gew.%/100] die Gewichtsanteile der jeweiligen Komponenten aus der Brennstoffanalyse sind.

Der im Brennstoff bereits vorhandene Sauerstoff muss dabei natürlich subtrahiert werden, da dieser Anteil ja nicht mehr zugeführt werden muss.

In weiterer Folge können wir den minimalen und tatsächlichen Luftbedarf ermitteln.

$$L_{min} = O_{2,min}/0,232\left[\text{kg trocken Luft/kg Brennstoff}\right] \qquad (1.160)$$

Dabei ist 0,232 der Gewichtsanteil des Sauerstoffs in der trockenen Verbrennungsluft.

Mit Kenntnis der Luftüberschusszahl $\lambda$ können wir dann den tatsächlichen Luftbedarf für eine möglichst vollständige Verbrennung berechnen.

$$L_{tat} = L_{min}\lambda\left[\text{kg trocken Luft/kg Brennstoff}\right] \qquad (1.161)$$

Dabei variiert $\lambda$ je nach Feuerungsart, es muss für eine vollständige Verbrennung aber immer gelten $\lambda > 1$.

### 1.6.2.2 Abgaszusammensetzung

Aus unseren Massebilanzgleichungen folgt:

$$m*_{CO2} = 11/3\, g_C\left[\text{kg } CO_2/\text{kg Brennstoff}\right].$$

$$m*_{H2O} = 9\, g_{H2}\left[\text{kg } H_2O/\text{kg Brennstoff}\right].$$

$$m*_{SO_2} = 2\, g_S\left[\text{kg } SO_2/\text{kg Brennstoff}\right].$$

$$m*_{O2} = 0,232(\lambda - 1)L_{min}\left[\text{kg } O_2/\text{kg Brennstoff}\right]$$

$$m*_{N2} = g_{N2} + L_{tats}(1 - 0,232).$$

und damit der feuchte Brennstoffmassenstrom.

$$m*_{ges} = m*_{CO2} + m*_{H2O} + m*_{SO2} + m*_{O2} + m*_{N2}$$

$$\left[\text{kg Abgas/kg Brennstoff}\right] \qquad (1.162)$$

Mithilfe der Normdichten $\rho_{iN} = \frac{M_i}{22,4}$ [kg/m$^3_N$] können wir den Normvolumenstrom des Abgases und die Volumsprozente der jeweiligen Abgaskomponenten ermitteln. Unter dem Normzustand verstehen wir wie bereits erwähnt einen Druck von 1,013[bar] und eine Temperatur von 0 [°C].

### 1.6.2.3  Heizwert, Brennwert

Der Heizwert $H_u$ (früher als unterer Heizwert bezeichnet) kann mit guter Genauigkeit aus der Brennstoffanalyse berechnet werden. Er beinhaltet nicht die Nutzung der Verdampfungswäre des Wasserdampfes im Abgas.

Im Gegensatz dazu wird beim Brennwert $H_o$ (früher als oberer Heizwert bezeichnet) die Verdampfungswärme durch Kondensation des Wasserdampfes z. B. in einem Brennwertkessel genutzt.

### 1.6.2.4  Fossile Brennstoffe – fest, flüssig

Feste fossile Brennstoffe: Mittelwerte je nach Lagerstätte jeweils in Gewichtsanteilen [Gew.%/100] ( $\Sigma g_i = 1$).

Braunkohle $g_C = 0{,}29$  $g_{H2} = 0{,}023$  $g_{O2} = 0{,}1$  $g_{N2} = 0{,}005$  $g_S = 0{,}002$  $g_{H2O} = 0{,}55$ Rest Aschebestandteile.

Steinkohle $g_C = 0{,}76$  $g_{H2} = 0{,}05$  $g_{O2} = 0{,}06$  $g_{N2} = 0{,}01$  $g_S = 0{,}01$  $g_{H2O} = 0{,}05$ Rest Aschebestandteile.

$$H_u = 34,8\,g_C + 93,8\,g_{H2} + 10,46\,g_S + 6,28\,g_{N2} - 10,8\,g_{O2} - 2,5\,g_{H2O}$$

$$[\mathrm{MJ/kg_{Brennstoff}}]$$

$$H_o = H_u + 2,5(9\,g_{H2} + g_{H2O})\ [\mathrm{MJ/kg_{Brennstoff}}]$$

Flüssige fossile Brennstoffe:

| | |
|---|---|
| Heizöl S | $g_C = 0{,}85$ $g_{H2} = 0{,}11$ $g_{O2} = 0{,}02$ $g_S = 0{,}02$ |
| Heizöl EL | $g_C = 0{,}85$ $g_{H2} = 0{,}132$ $g_{O2} = 0{,}005$ $g_S = 0{,}003$ |
| Benzin | $g_C = 0{,}85$ $g_{H2} = 0{,}15$ |
| Dieselöl | $g_C = 0{,}86$ $g_{H2} = 0{,}135$ $g_{O2} = 0{,}002$ $g_S = 0{,}003$ |
| Kerosin – Jet A-1 | $g_C \approx 0{,}861$ $g_{H2} = 0{,}1386$ $g_S = 0{,}0005$ |

(Stoffgemisch aus $C_{10}H_{22}$ bis $C_{16}H_{34}$).

Synthetisches Kerosin, hergestellt im Power-to-X-Verfahren aus Luft und Strom, setzt bei der Verbrennung 30- bis 100-mal weniger Schadstoffe frei als herkömmliches Kerosin.

### 1.6.2.5  Regenerative Brennstoffe – fest, flüssig

Feste: Holz, biologische Abfälle, Ernteabfälle, Klärschlamm.

Trockene Biomasse:

$$H_{u,tr} = 33,9\,g_C + 121,4(g_{H2} - g_{O2}/8) + 10,47\,g_S$$

$$[\mathrm{MJ/kg_{Brennstoff,tr}}].$$

und bei feuchter pflanzlicher Biomasse:

$$H_u = (1-x)H_{u,tr} - 2,441\ x\ [MJ/kg_{Brennstoff}]$$

mit   $x = m_{H2O}/m_{Biomasse}$ und $m_{Biomasse} = m_{trocken} + m_{H2O}$

Flüssige: Biodiesel, Bioethanol, Dimethylether.


### 1.6.3   Gasförmige Brennstoffe

#### 1.6.3.1   Reaktionsgleichungen, Luftbedarf

Für unsere gasförmigen Brennstoffkomponenten haben wir folgende Reaktionsgleichungen, die wir gleich als Molbilanzgleichungen anschreiben wollen:

$$1[Mol]CO + {}^{1}\!/_{2}[Mol]O_2 \rightarrow 1[Mol]CO_2$$

$$1[Mol]H_2 + {}^{1}\!/_{2}[Mol]O_2 \rightarrow 1[Mol]H_2O$$

und die allgemeine Gleichung für alle Kohlenwasserstoffe.

$$1[Mol]\ C_xH_y + (x + y/4)[Mol]O_2 \rightarrow x[Mol]CO_2 +$$

$$y/2[Mol]H_2O$$

Damit folgt der für eine vollständige Verbrennung notwendige minimale Sauerstoffbedarf:

$$O_{2,min} = {}^{1}\!/_{2}\ r_{CO} + {}^{1}\!/_{2}\ r_{H2} + \sum (x + y/4)\ r_{CxHy} - r_{O2}$$
$$\left[ m_N^3\ O_2/m_N^3\ Brenngas \right] \tag{1.163}$$

Wobei $r_i$ die Raumanteile [Vol%/100] der jeweiligen Gaskomponente im Brenngas sind.
   Damit können wir den notwendigen minimalen und den tatsächlichen Luftbedarf bestimmen.

$$L_{min} = O_{2,min}/0,21 \left[ m_N^3\ trockene\ Luft/m_N^3\ Brenngas \right] \tag{1.164}$$

Dabei ist 0,21 der Raumanteil des Sauerstoffs in der trockenen Verbrennungsluft.
   Mit Kenntnis der Luftüberschusszahl erhalten wir:

$$L_{tats} = \lambda\ L_{min} \left[ m_N^3\ trockene\ Luft/m_N^3\ Brenngas \right] \tag{1.165}$$

Unseren tatsächlichen Bedarf an Verbrennungsluft.


#### 1.6.3.2   Abgaszusammensetzung

Aus unseren Reaktionsgleichungen, die chemische und keine mathematischen Gleichungen sind folgt:

$$V*_{CO2} = r_{CO} + r_{CO2} + r_{CH4} + \sum x\, r_{CxHy}\; \left[m_N^3\; CO2/m_N^3\; Br.gas\right]$$

$$V*_{H2O} = r_{H2} + 2\, r_{CH4} + \sum y/2\, r_{CxHy}\; \left[m_N^3\; H_2O\, /m_N^3\; Br.gas\right]$$

$$V*_{N2} = r_{N2} + 0,79\, \lambda\, L_{min}\; \left[m_N^3\; N_2/m_N^3\; Br.gas\right]$$

$$V*_{O2} = 0,21(\lambda - 1)L_{min}\; \left[m_N^3\; N_2/m_N^3\; Br.gas\right]$$

und damit können wir das gesamte spezifische Abgas angeben.

$$V*_{ges} = V*_{CO2} + V*_{H2O} + V*_{N2} + V*_{O2}$$

$$\left[m_N^3\; Abgas/m_N^3\; Brenngas\right]$$

In weiterer Folge können wir die Abgaszusammensetzung in [Vol.%] und bei Kenntnis von Abgasdruck und Abgastemperatur sowie den Brennstoffvolumenstrom auch den Abgasbetriebsvolumenstrom berechnen.

### 1.6.3.3 Regenerative Brennstoffe – gasförmig

Biogas $r_{CH4} = 0,65$  $r_{CO2} = 0,345$  $r_{H2} = 0,002$  $r_{N2} = 0,002$  $r_{H2S} = 0,001$
(Mittelwerte)

Deponiegas $r_{CH4} \approx 0{,}59$  $r_{CO2} \approx 0{,}4$  $r_{N2} = 0{,}01$ (weiters höhere Kohlenwasserstoffe, Schwefelwasserstoff, organische Schwefelverbindungen und halogenierte Kohlenwasserstoffe).

Grüner Wasserstoff (als roter Wasserstoff wird der ebenfalls $CO_2$neutral aus Kernenergie gewonnene, $H_2$ bezeichnet).

$$H_u = \sum r_i H_{u,i} \quad bzw. \quad H_o = \sum r_i H_{o,I}\; \left[MJ/m_{N,Brenngas}^3\right]$$

| Gas | Chem.Formel | $H_u$ [MJ/m³$_N$] | $H_O$ [MJ/m³$_N$] |
|---|---|---|---|
| Wasserstoff | $H_2$ | 10,81 | 12,78 |
| Methan | $CH_4$ | 35,93 | 39,87 |
| Schwefelwasserstoff | $H_2S$ | 28,14 | 30,3 |

### 1.6.3.4 Fossile Brennstoffe – gasförmig

| Gas | Chem.Formel | $H_u$ [MJ/m³$_N$] | $H_O$ [MJ/m³$_N$] |
|---|---|---|---|
| Kohlenmonoxid | CO | 12,64 | 12,64 |
| Acetylen | $C_2H_2$ | 56,9 | 58,9 |
| Ethylen | $C_2H_4$ | 59,55 | 63,5 |
| Ethan | $C_2H_6$ | 64,5 | 70,45 |
| Propan | $C_3H_8$ | 93 | 101 |
| Butan | $C_4H_{10}$ | 123,8 | 134 |
| Benzol | $C_6H_6$ | 144 | 150,3 |

Erdgas L mit 31,8 [MJ/m³$_N$] sowie rund 82 [Vol.%] $CH_4$, 3 [Vol.%].
höherwertige Kohlenwasserstoffe, 14 [Vol.%] $N_2$und 1 [Vol.%] $CO_2$.
Erdgas H mit 36,17 [MJ/m³$_N$] sowie rund 93 [Vol.%] $CH_4$, 2 [Vol.%].
höherwertige Kohlenwasserstoffe, 4 [Vol.%] $N_2$und 1 [Vol.%] $CO_2$.
Aus dem Erdgas kann sogenannter Grauer Wasserstoff mittels Dampfreformierung gewonnen werden. Die dabei entstehende $CO_2$ Menge von rund 10 [t] Kohlendioxid je einer [t] Wasserstoff wird in die Atmosphäre abgegeben.

Beim Blauen Wasserstoff, wird auf die gleiche Art aus dem Erdgas Wasserstoff gewonnen, das $CO_2$ aber gespeichert: also CCS ‚carbon capture and storage'.

## 1.7  Wärmeübertrager

### 1.7.1  Einleitung

Die Wärmeübertrager, so ihre Normbezeichnung, werden in der Praxis auch oft als Wärmetauscher oder Wärmeaustauscher bezeichnet. Anhand der Temperaturdifferenz zwischen den beiden Fluiden, die beim Rekuperativ Wärmetauscher durch eine Wand getrennt sind erfolgt eine Wärmeübertragung und damit ein Energiestrom, dessen Größe wir anhand der Stromführung der beiden Fluide bestimmen werden.

Eine andere Gruppe von Wärmeübertrager sind die Regeneratoren, bei denen die Energie zuerst vom heißeren Fluid an eine Speichermasse und dann mit einer zeitlichen Verzögerung von dieser Speichermasse an das kältere Fluid übertragen wird.

### 1.7.2  Gleichstrom- Gegenstromwärmetauscher

Wir betrachten als erstes einen Doppelrohrwärmetauscher, der als Gleichstrom- oder Gegenstromwärmetauscher betrieben werden kann (Abb. 1.45).

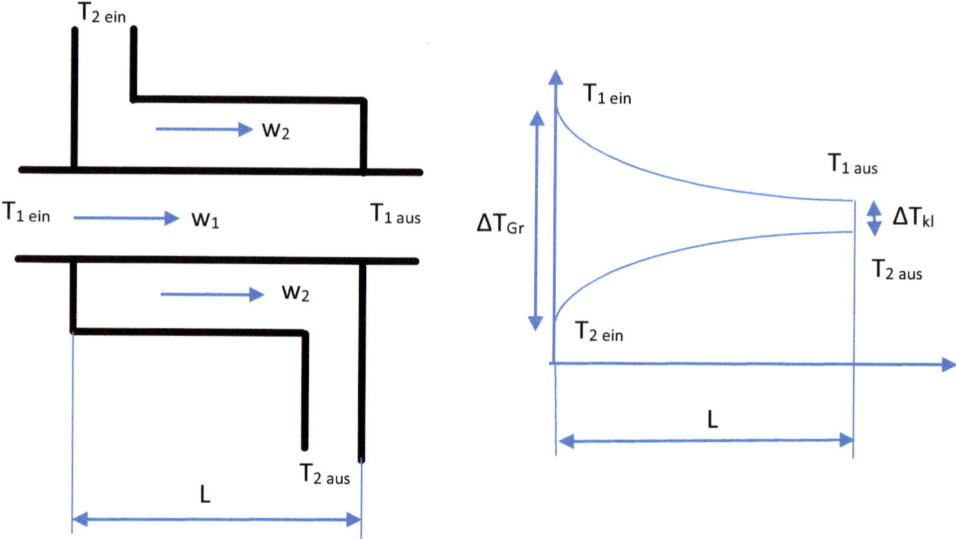



**Abb. 1.45**   Gleichstromwärmetauscher

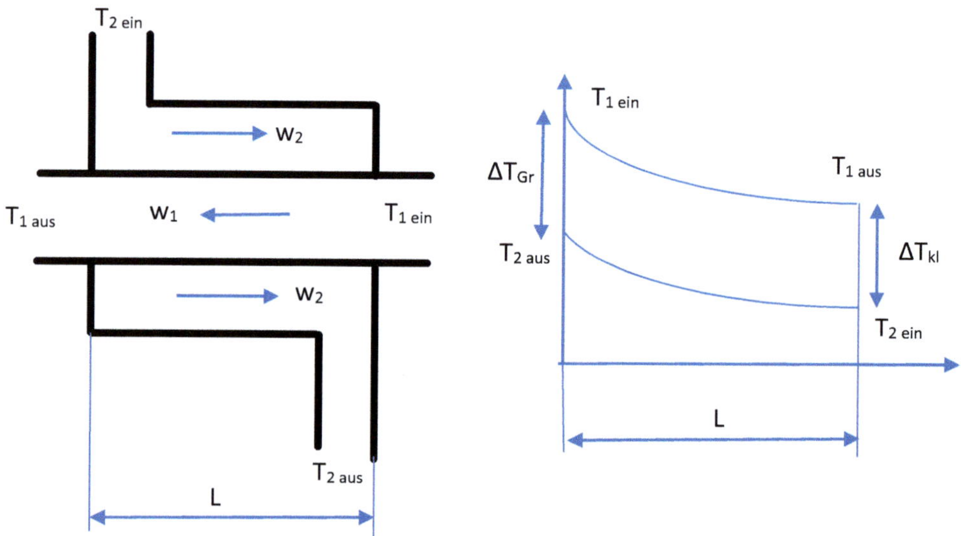



**Abb. 1.46**   Gegenstromwärmetauscher

Der Gleichstromwärmetauscher benötigt die größte Austauschfläche aller Wärmetauscher Bauarten. Die Austrittstemperatur des kälteren Fluides kann dabei nie über die Austrittstemperatur des wärmeren Fluides ansteigen (Abb. 1.46).

Beim Gegenstromwärmetauscher ist dies hingegen möglich, er benötigt von allen Wärmetauscher–Typen die kleinste Übertragungsfläche. Beide Bauarten können mit der logarithmischen Temperaturdifferenz einfach exakt berechnet werden. Dies ist beim dritten Grundtyp, dem Kreuzstromwärmetauscher, nicht einfach möglich.

### 1.7.2.1 Berechnung mit der mittleren logarithmischen Temperaturdifferenz

$$\dot{Q}_{WT} = \dot{Q}_{Fluid,1} = \dot{Q}_{Fluid,2} \tag{1.166}$$

Wir können annehmen, dass die Wärmetauscher nach außen hin perfekt isoliert sind. Dann muss der Wärmestrom, den das heißere Fluid abgibt, zur Gänze mittels Wärmeübertragung vom kälteren Fluid aufgenommen werden.

Thermodynamisch betrachtet liegt eine offenes System vor, das Näherungsweise als isobare Zustandsänderung berechnet werden kann.

Damit gilt:

$$\dot{Q}_{Fluid,1} = \dot{m}_1 \left( h_{1,ein} - h_{1,aus} \right) \tag{1.167}$$

$$\dot{Q}_{Fluid,2} = \dot{m}_2 \left( h_{2,aus} - h_{2,ein} \right) \tag{1.168}$$

Massenstrom mal Enthalpiedifferenz ist gleich dem übertragenen Wärmestrom des jeweiligen Fluides in [kW].

$$\dot{Q}_{Fluid,1} = \dot{m}_1 c_{pm1} \left( T_{1,ein} - T_{1,aus} \right) \tag{1.169}$$

$$\dot{Q}_{Fluid,2} = \dot{m}_2 c_{pm2} \left( T_{2,aus} - T_{2,ein} \right) \tag{1.170}$$

Oder alternativ die Berechnung mit der mittleren spezifischen Wärmekapazität bei konstantem Druck.

$$\dot{Q}_{WT} = k_{WT} A_{wT} \Delta T_m \tag{1.171}$$

Diese Wärmeströme sind also gleich dem Wärmestrom der Wärmeübertragung, der mit der Wärmeübergangszahl [W/m$^2$K], der Austauschfläche [m$^2$] und eben der noch zu bestimmenden logarithmischen Temperaturdifferenz bestimmt werden kann. Für Anhaltswerte von $k_{WT}$ siehe wieder für die unterschiedlichsten Bauarten die Werte im VDI-Wärmeatlas.

$$\Delta T_m = \frac{\Delta T_{Gr} - \Delta T_{Kl}}{\ln \frac{\Delta T_{Gr}}{\Delta T_{Kl}}} \tag{1.172}$$

Die Gleichung der mittlerem logarithmischen Temperaturdifferenz ist für unser beiden Wärmetauscher-Typen die Gleiche. Die Werte für $\Delta T_{Groß}$ bzw. für $\Delta T_{Klein}$ sind natürlich unterschiedlich, wie man den Temperaturverläufen dieser Wärmetauscher entnehmen kann.

### 1.7.2.2 Berechnung mit der Methode der Übertragungseinheiten

Die maximal nutzbare Temperaturdifferenz ist durch die Eintrittstemperaturen der beide Fluide berechenbar.

$$\Delta T_{max} = T_{ein,max} - T_{ein,min} \tag{1.173}$$

Unter Verwendung der Wärmekapazitätsströme, also dem Produkt aus Massenstrom und spezifischer Wärmekapazität bei konstantem Druck,

$$C_1 = \dot{m}_1 c_{p,1} \tag{1.174}$$

$$C_2 = \dot{m}_2 c_{p,2}$$

kann der theoretisch maximal übertragbare Wärmestrom berechnet werden. Da ja gilt $\dot{Q}_1 = \dot{Q}_2$ kann nur das Fluid mit dem kleineren Wärmekapazitätsstrom diese theoretische maximale Temperaturänderung erreichen.

$$\dot{Q}_{max} = C_{min} \Delta T_{max} \tag{1.175}$$

Mit dem Verhältnis zwischen dem tatsächlich erreichten Wärmestrom und diesem $\dot{Q}_{max}$ können wir die Effektivität des Wärmetauschers berechnen.

$$\varepsilon = \frac{\dot{Q}}{\dot{Q}_{max}} \tag{1.176}$$

Weiters benötigen wir noch das Wärmekapazitätsstromverhältnis C und die dimensionslose Variablengruppe NTU ‚number of transfer units' als die Anzahl der Übertragungseinheiten.

$$C = \frac{C_{min}}{C_{max}} \tag{1.177}$$

$$NTU = \frac{k_{WT} A_{WT}}{C_{min}} \tag{1.178}$$

Damit kann ein Doppelrohr – Gleichstromwärmetauscher berechnet werden. Diese NTU-Methode wird vor allem für gegebene Wärmetauscher, deren Austrittstemperaturen fürs erste unbekannt sind, verwendet.

$$\varepsilon = \frac{1 - e^{-NTU(1+C)}}{1 + C} \tag{1.179}$$

$$NTU = -\frac{\ln(1 - \varepsilon(1 + C))}{1 + C} \tag{1.180}$$

Für den Doppelrohr-Gegenstromwärmetauscher gilt:

$$\varepsilon = \frac{1 - e^{-NTU(1-C)}}{1 - Ce^{-NTU(1-C)}} \tag{1.181}$$

$$NTU = \frac{1}{C-1} ln\left(\frac{\varepsilon - 1}{\varepsilon C - 1}\right) \tag{1.182}$$

### 1.7.3 Kreuzstromwärmetauscher

Wir betrachten einen Kreuzstrom Taschenwärmetauscher. Beide Fluide strömen also senkrecht zueinander (Abb. 1.47).

Bei den weit verbreiteten Rohrbündel-WT sind auch Mischformen der Fluidführung wie z. B. ein Kreuzgegenstrom-WT möglich.

#### 1.7.3.1 Berechnung mit der mittleren logarithmischen Temperaturdifferenz

Mit der logarithmischen Temperaturdifferenz kann ein Kreuzstromwärmetauscher nur näherungsweise berechnet werden.

$$\Delta T_{m,Krz} \approx \frac{\Delta T_{m,GG} + \Delta T_{m,GL}}{2} \tag{1.183}$$

Außerdem müssen wir beim Kreuzstromwärmetauscher unterschiedliche Fälle in Betracht ziehen:

- Den Kompakt-Wärmetauscher ohne Quervermischung der beiden Fluide. Dies wird durch das Einbauen von Führungsblechen erreicht.

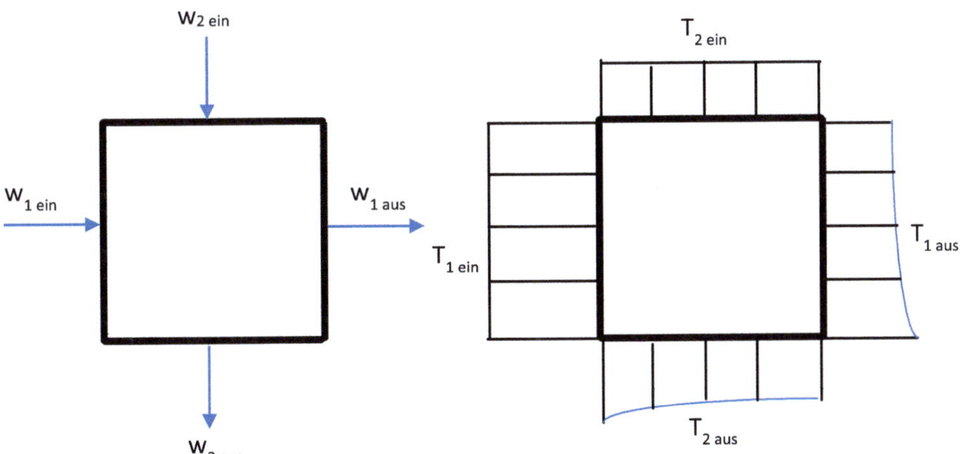


**Abb. 1.47** Kreuzstromwärmetauscher

- Den Platten- bzw. Taschenwärmetauscher mit der Quervermischung sowohl von Fluid 1 also auch von Fluid 2. Also ohne Einbauten.
- Und schließlich den Glattrohrbündel-Wärmetauscher mit je einem Quervermischten und einem Unvermischten Fluid.

### 1.7.3.2  Berechnung mit der Methode der Übertragungseinheiten

Kreuzstrom-WT beide Fluide unvermischt sind.

$$\varepsilon = 1 - e^{\frac{NTU^{0,22}}{C}}\left(e^{-C\,NTU^{0,78}} - 1\right) \tag{1.184}$$

Kreuzstrom-WT Fluid mit $C_{max}$ vermischt und mit $C_{min}$ unvermischt.

$$\varepsilon = \frac{1}{C}\left(1 - e^{-C\left(1 - e^{-NTU}\right)}\right) \tag{1.185}$$

$$NTU = -ln\left(1 + \frac{ln(1 - \varepsilon\,C)}{C}\right) \tag{1.186}$$

Kreuzstrom-WT Fluid mit $C_{min}$ vermischt und mit $C_{max}$ unvermischt.

$$\varepsilon = 1 - e^{\frac{-1}{C}\left(1 - e^{-C\,NTU}\right)} \tag{1.187}$$

$$NTU = -\frac{ln(C\,ln(1 - \varepsilon) + 1)}{C} \tag{1.188}$$

### 1.7.4  Fouling – Ablagerungen an Wärmetauschern

Bei den Wärmetauschern ist es wichtig, den Betriebszustand, also die Bildung von Ablagerungen an den Wärmeübertragungsflächen für die Auslegung zu berücksichtigen. Natürlich in Abhängigkeit vom gewünschten Reinigungsintervall und der Art der Reinigung die mechanisch oder chemisch erfolgen kann. Wir unterscheiden drei Typen des Foulings:

- Feste Ablagerungen wie Kesselstein auf der Wasserseite und Ruß oder Ascheschichten auf der Rauchgasseite.
- Chemisches Fouling bzw. Korrosion durch eine entsprechende Reaktion zwischen dem Fluid und dem Rohrmaterial.
- Durch die Verwendung von Glas, Keramik oder einer Kunststoffbeschichtung kann diese Form der Foulings verhindert werden.

Biologisches Fouling z. B. durch Algenwachstum im warmen Wasser oder gar Muschelansiedlungen.

Für sehr dünne Fouling-Schichten bzw. bei ebenen Wänden gilt:

$$\frac{1}{k_{eff}} = \frac{1}{k_0} + R_{F,i} + R_{F,a}$$

Erste Anhaltswerte für die durch Fouling bewirkten zusätzlichen Wärmeleitwiderstände $R_F$ [m²K/W]:

| Luft | 0,0004 [m²K/W] |
|---|---|
| Wasser T<50 [°C] | 0,0001 [m²K/W] |
| Wasser T>50 [°C] | 0,0002 [m²K/W] |
| Wasserdampf | 0,0001 [m²K/W] |
| Kältemittel flüssig | 0,0002 [m²K/W] |
| Kältemittel dampfförmig | 0,0004 [m²K/W] |
| Alkohol dampfförmig | 0,0001 [m²K/W] |

## 1.8  Passivhäuser

### 1.8.1  Einleitung

Rund 40 % der Treibhausgase gehen auf den Bau, den Erhalt und den Betrieb von Gebäuden zurück, das ist fast doppelt so viel wie der Treibhausgasanteil der Mobilität von ca. 22 %. Es ist also dringend erforderlich, anders zu bauen bzw. den Altbestand an Gebäuden thermisch zu sanieren und bei den Heizungssystemen auf erneuerbare Energiequellen umzusteigen. Ein weiteres Problemfeld wird die Kühlung der Gebäude in den Sommermonaten, da bedingt durch den Klimawandel die Anzahl der Hitzetage und die der tropischen Nächte ständig zunimmt. Eine Möglichkeit all dies zu bewerkstelligen ist der Bau von Passivhäusern bzw. die Sanierung des Altbestandes auf Passivhausstandard.

Die Grundidee von Passivhäusern ist einfach eine sehr, sehr gute Wärmeisolation nach außen. Mit dem Nebeneffekt einer Kühlhaltung des Gebäudes im Sommer. Denn was vor Kälte schützt, schützt auch vor Hitze. Die Grundlagen wurden mit dem Bau eines superisolierten Polarschiffes in Norwegen Ende des 19. Jahrhunderts gelegt, man verwendete dabei schon eine Dreifach-Verglasung der Fenster. In den 70er Jahren des letzten Jahrhunderts wurde diese Idee in Dänemark wieder aufgegriffen und auf ein Haus umgemünzt. Es war aber ein Niedrigenergie-Haus und noch kein Passivhaus. Dieses wurde zu Beginn der 90er Jahre erstmals in Deutschland errichtet. Passivhäuser besitzen eine kontrollierte Wohnraumlüftung in Kombination mit einer Wärmepumpe. Mit Kombigeräten z. B. von der dänischen Firma Nilan ist eine Heizung, Kühlung und Warmwasserbereitung möglich. Dabei wird die Umgebungsluft oft durch einen sogenannten Energiebrunnen angesaugt und über eine ca. 35 [m] lange Rohrleitung, die in

1,5 bis 2 [m] Tiefe im Erdreich verlegt ist dem Kombigerät zugeführt. Die Luft wird dadurch im Winter vorgewärmt und im Sommer vorgekühlt.

## 1.8.2  Heizlastberechnung eines Passivhauses

Wir nehmen, wie in der Thermodynamik üblich, ein Kontrollvolumen für unsere Berechnungen an. Gegeben sind die Außenabmessungen des Hauses a [m] und b [m] für die Berechnung der Boden- bzw. der Deckenfläche. Weiters die Höhe h[m] von Unterkante Bodenplatte bis zur Oberkante der Dachbodenplatte, für die Berechnung der Außenwandflächen. Weiters benötigen wir die Fläche der Fenster und Außentüren (Abb. 1.48).

Die Verteilung und Absaugung des Luftstromes durch das Kombigerät der kontrollierten Wohnraumlüftung ist nicht eingezeichnet.

Damit ergibt sich also:

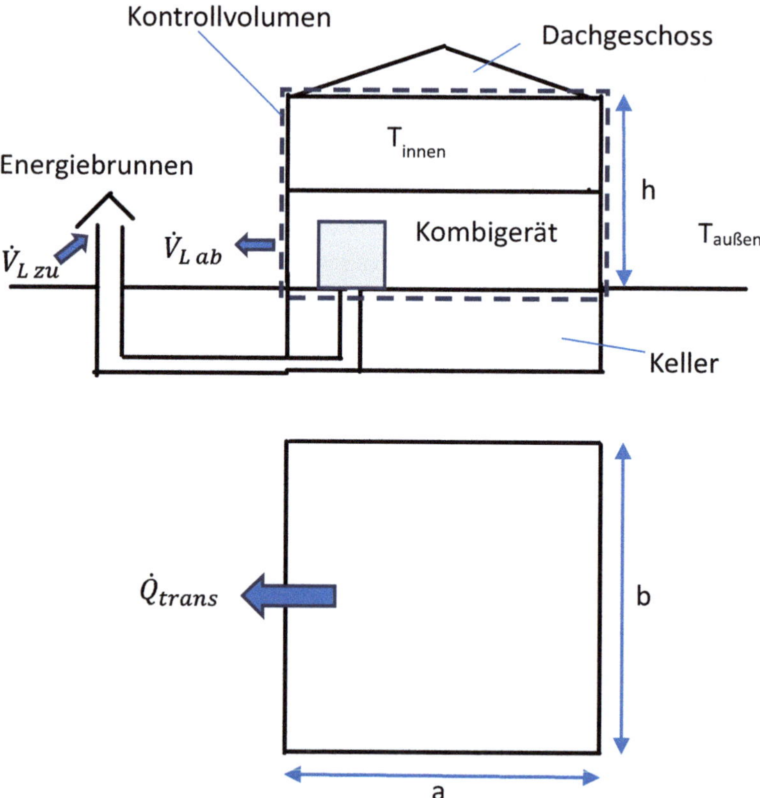


**Abb. 1.48**  Kontrollvolumen Passivhaus – Heizlastberechnung

$$A_{Boden} = A_{Decke} = a\,b \quad \left[\text{m}^2\right] \tag{1.189}$$

$$A_{W\ddot{a}nde} = 2(a+b)h - A_{Fenster,T\ddot{u}ren} \tag{1.190}$$

Unter Vorgabe der vier Wärmedurchgangszahlen für diese Außenflächen unseres Kontrollvolumens $U_{Decke}$[W/m$^2$K], $U_{Boden}$, $U_{W\ddot{a}nde}$ und $U_{Fenster,T\ddot{u}ren}$ sowie der vier für die Berechnung notwendigen Temperaturen $T_{Au\ss en}$, $T_{Innen}$, $T_{Keller}$und $T_{Dachboden}$ können die Transmissionswärmeverluste berechnet werden. (In der Gebäudetechnik werden die Wärmedurchgangszahlen mit U statt mit k bezeichnet.)

Dabei gilt:

$$\dot{Q}_{gesamt,trans} = \sum U_i A_i \Delta T_i \ [\text{kW}] \tag{1.191}$$

nach der Umrechnung der Wärmeverluste von [W] in [kW]. Jetzt müssen wir noch den Wärmeverlust durch die kontrollierte Wohnraumlüftung mit Wärmerückgewinnung berechnen.

$$\dot{Q}_{L\ddot{u}ftung,Verlust} = \dot{V}_{Luft}\,\rho_{Luft}\,c_{p,Luft}\,\Delta T_{Luft}(1 - \eta_{R\ddot{u}ck}) \quad [\text{kW}] \tag{1.192}$$

Mit $\rho_{Luft}$[kg/m$^3$] der Dichte der Luft, $c_{p,Luft}$[kJ/kgK] der spezifischen Wärmekapazität der Luft bei konstantem Druck, sowie $\dot{V}_{Luft}$ dem angesaugten Luftvolumenstrom [m$^3$/s] und der Temperaturdifferenz

$$\Delta T_{Luft} = T_{Innen} - T_{Ansaug} \tag{1.193}$$

Wobei $T_{Ansaug}$ die im Winter durch das Erdreich vorgewärmte Ansaugtemperatur des Lüftungsgerätes ist. $\eta_{R\ddot{u}ck}$ist der Wirkungsgrad der Wärmerückgewinnung aus des Abluft unseres Kombigerätes mithilfe eines Wärmetauschers.

Damit erhalten wir die Heizlast für unser Passivhaus im ‚worst case' wenn wir die Norm-Außentemperatur in Abhängigkeit von unserem Gebäudestandort einsetzen.

$$\dot{Q}_{Heizlast} = \dot{Q}_{gesamt,trans} + \dot{Q}_{L\ddot{u}ftung,Verlust} \tag{1.194}$$

Eine genauere Heizlastberechnung nach Norm kann mit der DIN EN 12.831 erfolgen. Diese ersetzt seit 2003 die alte Norm DIN 4701 deren Erstausgabe bereits 1929 erfolgte.

### 1.8.3   Berechnung der Kühllast eines Passivhauses

Wir müssen die äußere Kühllast, also den Wärmestrom nach innen berechnen. Er setzt sich wieder zusammen aus den Transmissionen durch Wände, Fenster u. Türen und der Decke. Durch den Boden haben wir eine kleine Wärmeabfuhr in den Keller. Der isolierte Keller mit Wärmeschutztüren sollte im Sommer Temperaturen von maximal 20 [°C] erreichen. Weiters folgt die Berechnung der inneren Kühllast. Mögliche Wärmeabgabe durch Maschinen- und Gerätewärme, die Beleuchtung und Menschen. Ein großer

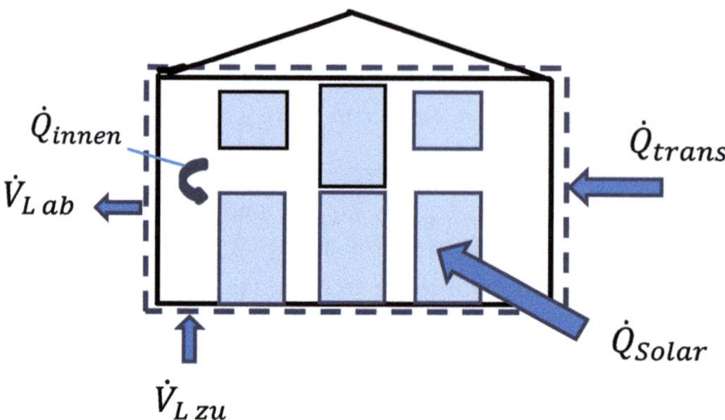


**Abb. 1.49**  Kontrollvolumen Passivhaus – Kühllast

Wärmeeintrag findet durch die Solarstrahlung durch die Fenster statt, so ferne diese nicht durch Außenrollos abgedunkelt sind (Abb. 1.49).

Die Lüftung müsste durch unser Kombigerät und das Ansaugen über ein erdverlegtes Rohr zur Kühlung beitragen.

Für Kühlgradtage gilt die Verwendung der Kühlgrenztemperatur von 22 [°C]. Wenn die Tagesmitteltemperatur über dieser Grenze liegt, wird der Tag als Kühltag gezählt.

Eine genaue Berechnung der Kühllast kann mit VDI 2078 erfolgen.

### 1.8.4  Berechnung der Energiekennzahl

Für die Berechnung des Wärmeenergieverbrauches eines Einfamilienhauses müssen wir zuerst einige Begriffe klären, z. B. die Heizgrenztemperatur, sie liegt bei Passivhäusern bei 10 [°C] (Niedrigenergiehäuser 12 [°C] und Bestandsgebäude 15 [°C]). Heiztage HT sind Tage in denen die über den Tag gemittelte Außenlufttemperatur unter der Heizgrenztemperatur liegt. Die Gradtagzahl GTZ eines Jahres ist die Summe der Differenzen zwischen der Raumtemperatur und dem Tagesmittel der Außenlufttemperatur. Sie ist die richtige Eingangsgröße für eine Energiebilanzrechnung unter Berücksichtigung (Abb. 1.50).

der solaren Gewinne sowie der Gewinne durch die Abwärme von Personen und der Abwärme aus Elektroanlagen.

Als erstes berechnen wir wieder den Transmissionswärmebedarf also die Verluste über unser Kontrollvolumen. Verluste durch Dach, Wände, Fenster, Türen und den Boden. Es gilt:

$$Q_t = Q_{t\,Decke} + Q_{t\,Wand} + Q_{t\,Fenster,Türen} + Q_{t\,Boden} \tag{1.195}$$

$$Q_{ti} = A_i\,U_i\,GTZ\,24/1000 \quad [\text{kWh}] \tag{1.196}$$

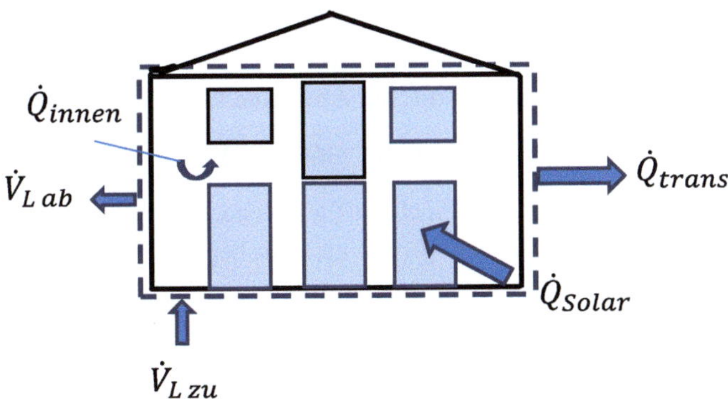


**Abb. 1.50**  Kontrollvolumen Passivhaus – Energiekennzahl

$A_i[\mathrm{m}^2]$ sind unsere bereits gekannten Flächen, $U_i[\mathrm{W/m^2K}]$ die dazugehörigen Wärme-durchgangszahlen und GTZ [Kd/a] unsere Gradtagzahl, die wir z. B. der Datei „Gradtag-zahlen-Deutschland.xlsx", einem Forschungswerkzeug des Institut Wohnen und Umwelt (IWU), entnehmen können. https://www.iwu.de/fileadmin/tools/gradtagzahlen/Gradtag-zahlen-Deutschland.xlsx

Dann die Berechnung des Lüftungswärmebedarfs, wobei gilt:

$$Q_l = n\,V\,\rho_l c_{p,l}\,GTZ\,24/3600 \quad [\mathrm{kWh}] \tag{1.197}$$

Mit n der Luftwechselzahl [1/h] des beheizten Gebäudevolumens (netto) oder dem mitt-leren Luftvolumenstrom der Lüftungsanlage $\dot{V} = nV$ [m³/h]. $\rho_l$ und $c_{p,l}$, sind die bereits bekannten Werte für die Dichte der Luft und der spezifischen Wärmekapazität der Luft. In dieser Näherungsgleichung bleibt der Wärmegewinn durch den Energiebrunnen unbe-rücksichtigt.

Als nächstes berechnen wir den Bruttogewinn durch die Sonneneinstrahlung, wir gehen davon aus, dass das Passivhaus exakt noch Süden ausgerichtet ist. Die Global-strahlungen $G_{HT,i}[\mathrm{kWh/m^2a}]$ an den Heiztagen bezogen auf vertikale Flächen in allen vier Himmelrichtungen können wir wieder unserem EXCEL-Forschungswerkzeug ent-nehmen. Es gilt:

$$Q_s = \sum_{i=1}^{4} G_{HT,i}\,f_{b,i}\,g\,f_r\,A_{f,i} \quad [\mathrm{kWh}] \tag{1.198}$$

$f_{b,i}$[/] Reduktionsfaktor Beschattung und Verschmutzung Richtung Osten, Süden, Westen und Norden. g [/] Gesamtenergie – Durchlassgrad. $f_r$[/] Reduktionsfaktor der Fenster-, Türenfläche. $A_{f,i}$ [m²] Fenster- und Glastürenfläche.

Für die Abwärme von Personen gilt:

$$Q_p = c_p\,Ph_p\,HT/1000 \quad [\mathrm{kWh}] \tag{1.199}$$

$c_p$ Wärmeabgabe pro Person $\approx 100$ [W/Person] beisitzender Tätigkeit. P [Person] Anzahl der Personen und $h_p$[h/d] die Aufhaltszeit pro Tag.

Und als letztes den Wärmegewinn aus der Abwärme von Elektroanlagen:

$$Q_e = E_e\, f_e\, HT/365 \quad [\text{kWh}] \tag{1.200}$$

Mit $E_e$[kWh/a] dem Endenergieverbrauch an Elektrizität. $f_e$ [/] den Reduktionsfaktor für den im Raum wirksamen Anteil der Wärme elektrischer Geräte. HT [d/a] Heiztage pro Jahr.

Mit all diesen Wärmeenergien kann nun die Energiekennzahl des Gebäudes berechnet werden.

$$EKZ = \left(Q_t + Q_l - Q_s - Q_p - Q_e\right)/(2 * A_{Boden}) \; [\text{kWh/m}^2\text{a}] \tag{1.201}$$

Für den Passivhausstandard sollte die Energiekennzahl also der spezifische Heizbedarf pro Jahr kleiner gleich 10 [kWh/m²a] sein.

# SMath, MathCAD

**2**

SMath wurde von Andrey Irashov in C# programmiert. Es ist Freeware, aber kein Open-Source Programm. Für unsere Berechnungen ist es ausreichend, wenngleich es kein vollständiges CAS-Programm ist. Alternativ dazu kann man auch MathCAD Prime Express von der Softwarefirma PTC verwenden. Dieses Programm ist ebenfalls kostenlos und in seiner kostenpflichtigen Version PTC MathCAD Prime ein vollwertiges CAS-System. Eine gute umfangreiche deutschsprachige Einführung in SMath kann von Martin Kraska als pdf-File aus dem Internet heruntergeladen werden.

https://opus4.kobv.de/opus4-fhbrb/frontdoor/deliver/index/docId/2946/file/SMath_Einfuehrung.pdf

Er beschreibt darin auch die an der Technischen Hochschule Brandenburg entwickelte Maxima-Schnittstelle, die SMath um leistungsfähige Computer-Algebra-Funktionen erweitert und so ein vollwertiges CAS Softwarepaket entstehen lässt.

## 2.1 Einleitung

Man kann SMath unter https://smath.com für Windows, Linux und Android herunterladen und wie gesagt kostenfrei benutzen.

© Der/die Autor(en), exklusiv lizenziert an Springer-Verlag GmbH, DE, ein Teil von Springer Nature 2024
H. Schmid, *Python und SMath in der Wärmetechnik*,
https://doi.org/10.1007/978-3-662-70230-7_2

Als erstes ist es empfehlenswert unter → Tools→Options.

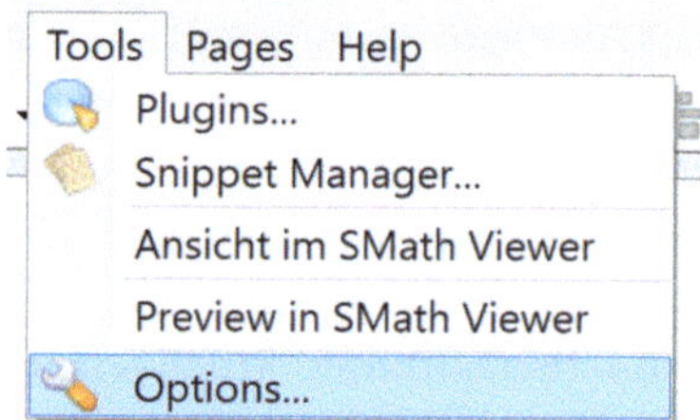

auf die deutschsprachigen Einstellungen zu wechseln. Das sieht dann wie folgt aus:

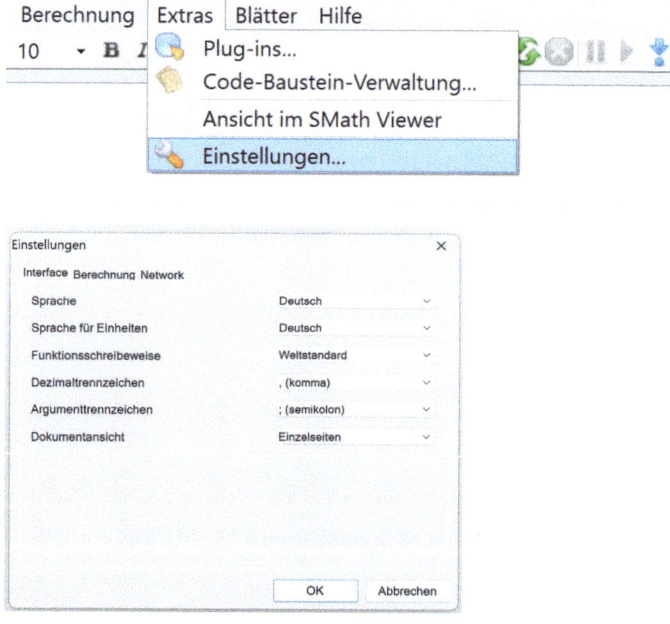

Das Icon Seitenleiste anzeigen/verbergen sollte der Einfachheit halber immer aktiviert sein,

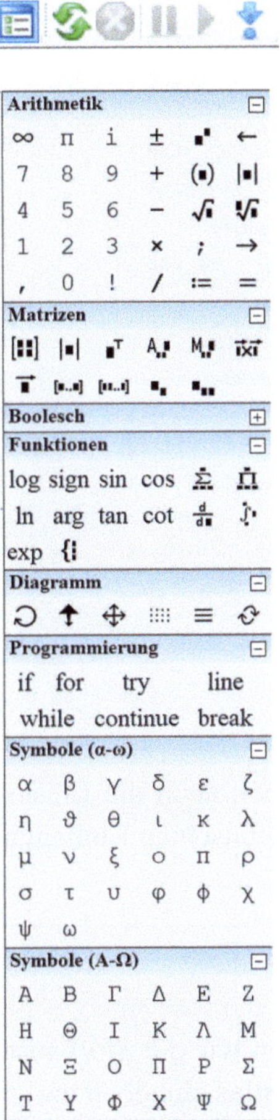

um einfach auf die Symbole Arithmetik, Funktionen, Matrizen usw. zugreifen zu können.

Bei der Verwendung der Einheiten können diese in eine vom User gewünschte Form gebracht werden, indem man die vom Programm ermittelten Einheiten durch Einfügen der gewünschten Einheitenänderung in das kleine schwarze Rechteck anpasst.

$$\_t\ddot{u}ren = 195\ \mathrm{m}^2\ \blacksquare$$

Klickt man mit der linken Maustaste in ein Ergebnis, kann man anschließend durch das Drücken der rechten Maustaste ein Menüfenster öffnen  und z. B. die die Anzahl der Dezimalstellen auf einen vernünftigen Wert setzen.

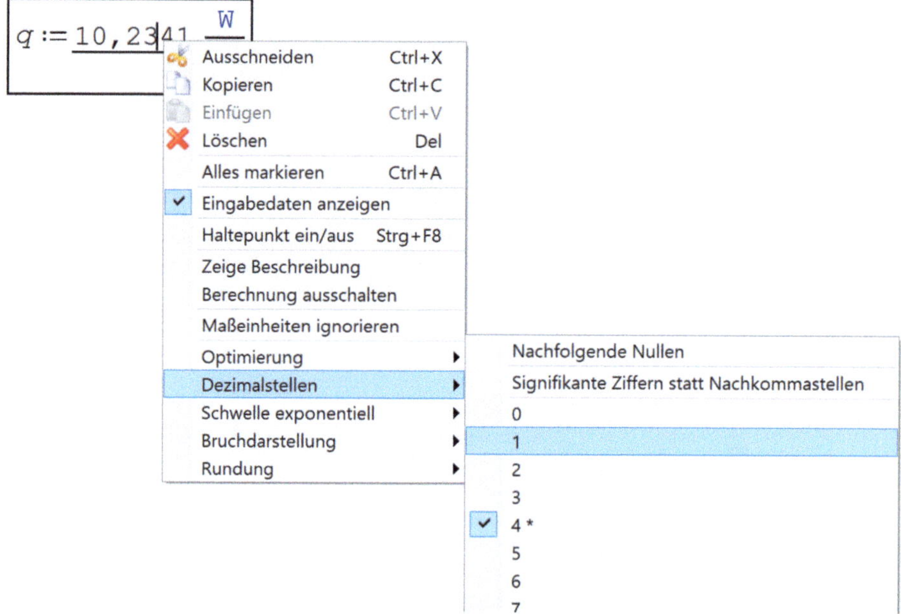


In diesem Menüfenster befindet sich auch die Einstellung → Maßeinheiten ignorieren, um unabhängig von SMath die gewünschten Einheiten zu definieren.

## 2.2   Stoffwerte

Als erstes Berechnungsblatt wollen wir die Stoffwerte für Wasser bei einem Druck von ca. 1 [bar] aus dem VDI – Wärmeatlas eingeben und mithilfe einer linearen Interpolation für die gewünschte Wassertemperatur ermitteln.

Stoffwerte von Wasser bei einem Druck von 1 [bar]

$$T := \begin{bmatrix} 0 \\ 5 \\ 10 \\ 20 \\ 30 \\ 40 \\ 50 \\ 60 \\ 70 \\ 80 \\ 90 \\ 99,63 \end{bmatrix} \qquad v := \begin{bmatrix} 1,793 \\ 1,519 \\ 1,307 \\ 1,004 \\ 0,801 \\ 0,658 \\ 0,554 \\ 0,475 \\ 0,413 \\ 0,365 \\ 0,326 \\ 0,295 \end{bmatrix}$$

Wassertemperatur [°C]

$$T\_ist := 55$$

$v$ kinematische Viskosität [m²/s]

$$v\_ist := \text{linterp}(T;\, v;\, T\_ist) \cdot 10^{-6} = 5,145 \cdot 10^{-7}\ \frac{m^2}{s}$$

$$Pr := \begin{bmatrix} 13,48 \\ 11,19 \\ 9,443 \\ 7,001 \\ 5,414 \\ 4,328 \\ 3,553 \\ 2,983 \\ 2,553 \\ 2,221 \\ 1,959 \\ 1,757 \end{bmatrix} \qquad \lambda := \begin{bmatrix} 561,0 \\ 570,5 \\ 580,0 \\ 598,4 \\ 615,5 \\ 630,6 \\ 643,6 \\ 654,4 \\ 663,1 \\ 670,0 \\ 675,2 \\ 678,9 \end{bmatrix} \qquad cp := \begin{bmatrix} 4,218 \\ 4,203 \\ 4,192 \\ 4,181 \\ 4,177 \\ 4,177 \\ 4,180 \\ 4,184 \\ 4,190 \\ 4,197 \\ 4,206 \\ 4,216 \end{bmatrix} \qquad \rho := \begin{bmatrix} 999,84 \\ 999,97 \\ 999,70 \\ 998,21 \\ 995,65 \\ 993,22 \\ 988,04 \\ 983,20 \\ 977,77 \\ 971,79 \\ 965,31 \\ 958,61 \end{bmatrix}$$

$Pr$ Prandtl-Zahl [/]

$$Pr\_ist := \text{linterp}(T;\, Pr;\, T\_ist) = 3,268$$

$\lambda$ Wärmeleitfähigkeit [W/mK]

$$\lambda\_ist := \text{linterp}(T;\, \lambda;\, T\_ist) \cdot 10^{-3} = 0,649\ \frac{W}{m\,K}$$

$cp$ isobare spezifische Wärmekapazität [kJ/kgK]

$$cp\_ist := \text{linterp}(T;\, cp;\, T\_ist) = 4,182\ \frac{kJ}{kg\,K}$$

$\rho$ Dichte [kg/m³]

$$\rho\_ist := \text{linterp}(T;\, \rho;\, T\_ist) = 985,62\ \frac{kg}{m^3}$$

Als zweites Berechnungsblatt ermitteln wir die mittlere spezifische isobare Wärmekapazität bezogen auf den Normzustand einer Mischung idealer Gase für eine vorgegebene Temperatur in [°C]. Damit kann in weiterer Folge bei Kenntnis des Normvolumstromes [$m_N^3$/s] der Wärmestrom in [W], [kW] oder [MW] ermittelt werden. Vorerst sind nur nichtbrennbare ideale Gase angegeben.

Mittlere isobare spezifische Wärme von Gasen cpN [kJ/mN³°C]

$$cpN\_N2 := \begin{bmatrix} 1,302 \\ 1,304 \\ 1,327 \\ 1,348 \\ 1,373 \\ 1,398 \\ 1,424 \\ 1,444 \\ 1,453 \\ 1,474 \\ 1,491 \end{bmatrix} \quad cpN\_O2 := \begin{bmatrix} 1,310 \\ 1,319 \\ 1,380 \\ 1,419 \\ 1,453 \\ 1,480 \\ 1,503 \\ 1,522 \\ 1,532 \\ 1,549 \\ 1,570 \end{bmatrix} \quad cpN\_CO2 := \begin{bmatrix} 1,631 \\ 1,725 \\ 1,947 \\ 2,064 \\ 2,150 \\ 2,219 \\ 2,279 \\ 2,325 \\ 2,346 \\ 2,391 \\ 2,428 \end{bmatrix} \quad cpN\_H2O := \begin{bmatrix} 1,491 \\ 1,499 \\ 1,562 \\ 1,608 \\ 1,658 \\ 1,712 \\ 1,767 \\ 1,817 \\ 1,838 \\ 1,897 \\ 1,947 \end{bmatrix}$$

Abgasanalyse in [Vol.%]

$O2 := 7,5$

$N2 := 79,5$

$CO2 := 12,0$

$H2O := 1,0$

Raumanteile in [Vol.%/100]

$$r\_O2 := \frac{O2}{100} = 0,075$$

$$r\_N2 := \frac{N2}{100} = 0,795$$

$$r\_CO2 := \frac{CO2}{100} = 0,12$$

$$r\_H2O := \frac{H2O}{100} = 0,01$$

$$T := \begin{bmatrix} 0 \\ 100 \\ 400 \\ 600 \\ 800 \\ 1000 \\ 1200 \\ 1400 \\ 1500 \\ 1750 \\ 2000 \end{bmatrix}$$

$T\_ist := 950 \qquad [°C]$

$$cpN\_mix := linterp\left(T;\ cpN\_N2;\ T\_ist\right)\cdot r\_N2 + linterp\left(T;\ cpN\_O2;\ T\_ist\right)\cdot r\_O2$$

$$cpN\_mix := cpN\_mix + linterp\left(T;\ cpN\_H2O;\ T\_ist\right)\cdot r\_H2O + linterp\left(T;\ cpN\_CO2;\ T\_ist\right)\cdot r\_CO2 = 1,4981$$

Für die brennbaren idealen Gase bzw. für trockene Luft gelten die im nächsten Berechnungsblatt angeführten Werte. Für Methan aber nur bis zu einer Temperatur von 1000 [°C]. Damit könnten wir Abgase mit $H_2$ und CO, wie sie z. B. beim Austritt aus einem EAF vorliegen, berechnen.

Mittlere spezifische Wärme von Gasen cpN [kJ/mN³°C]

$$
cpN\_H2 := \begin{bmatrix} 1,281 \\ 1,294 \\ 1,302 \\ 1,310 \\ 1,319 \\ 1,330 \\ 1,344 \\ 1,362 \\ 1,365 \\ 1,386 \\ 1,407 \end{bmatrix}
\quad
cpN\_CO := \begin{bmatrix} 1,302 \\ 1,304 \\ 1,331 \\ 1,359 \\ 1,388 \\ 1,415 \\ 1,440 \\ 1,459 \\ 1,467 \\ 1,486 \\ 1,503 \end{bmatrix}
\quad
cpN\_Luft := \begin{bmatrix} 1,300 \\ 1,302 \\ 1,331 \\ 1,357 \\ 1,386 \\ 1,411 \\ 1,435 \\ 1,455 \\ 1,465 \\ 1,482 \\ 1,507 \end{bmatrix}
\quad
cpN\_CH4 := \begin{bmatrix} 1,545 \\ 1,622 \\ 2,014 \\ 2,248 \\ 2,462 \\ 2,648 \end{bmatrix}
$$

Bei höheren Temperaturen zerfällt CH4 teilweise

$$
T := \begin{bmatrix} 0 \\ 100 \\ 400 \\ 600 \\ 800 \\ 1000 \\ 1200 \\ 1400 \\ 1500 \\ 1750 \\ 2000 \end{bmatrix}
$$

## 2.3  Gasmischungen idealer Gase

Als erstes wollen wir anhand einer in Volumsprozent gegebenen Analyse einer Gasmischung die scheinbare Molmasse (Gl. 4.9) und die Gaskonstante der Mischung idealer Gase (Gl. 4.12) berechnen. Dabei verwenden wir die gerundeten Molmassen. Genauere Werte sind dem Periodensystem der Elemente zu entnehmen. Die Normdichte $\rho_N$ (Gl. 4.15) könnte man auch mit der idealen Gasgleichung der Mischung berechnen. Für die Umrechnung in Massenanteile wird die (Gl. 4.13) verwendet.

Abgasanalyse in [Vol.%]          Raumanteile in [Vol.%/100]          Molmassen [kg/kmol]

$O2 := 7,5$

$$r\_O2 := \frac{O2}{100} = 0,075$$

$$M\_O2 := 32 \; \frac{kg}{kmol}$$

$N2 := 79,5$

$$r\_N2 := \frac{N2}{100} = 0,795$$

$$M\_N2 := 28 \; \frac{kg}{kmol}$$

$CO2 := 12,0$

$H2O := 1,0$

$$r\_CO2 := \frac{CO2}{100} = 0,12$$

$$M\_CO2 := 44 \; \frac{kg}{kmol}$$

$$r\_H2O := \frac{H2O}{100} = 0,01$$

$$M\_H2O := 18 \; \frac{kg}{kmol}$$

Die scheinbare Molmasse [kg/kmol]

$$M\_mix := M\_O2 \cdot r\_O2 + M\_N2 \cdot r\_N2 + M\_CO2 \cdot r\_CO2 + M\_H2O \cdot r\_H2O = 30,12 \; \frac{kg}{kmol}$$

Die Gaskonstante der Gasmischung [J/kgK]

$$R := 8314 \; \frac{J}{kmol \; K}$$

$$R\_mix := \frac{R}{M\_mix} = 276,0292 \; \frac{J}{kg \; K}$$

Die Normdichte der Gasmischung [kg/m³N]

$$v\_N := 22,4 \; \frac{m^3}{kmol} \qquad [mN^3/kmol]$$

$$\rho\_N\_mix := \frac{1}{v\_N} \cdot \left( r\_O2 \cdot M\_O2 + r\_N2 \cdot M\_N2 + r\_CO2 \cdot M\_CO2 + r\_H2O \cdot M\_H2O \right) = 1,3446 \; \frac{kg}{m^3}$$

Die Berechnung der Massenanteile g [Gew.%/100]

$$g\_O2 := r\_O2 \cdot \frac{M\_O2}{M\_mix} = 0,0797$$

$$g\_N2 := r\_N2 \cdot \frac{M\_N2}{M\_mix} = 0,739$$

$$g\_CO2 := r\_CO2 \cdot \frac{M\_CO2}{M\_mix} = 0,1753$$

$$g\_H2O := r\_H2O \cdot \frac{M\_H2O}{M\_mix} = 0,006$$

Bei dem nun folgenden Berechnungsblatt der Mischung zweier Gasströme wurden die spezifischen Wärmekapazitäten separat berechnet. Für die genaue Berechnung von cpN_mix muss vorerst eine Mischungstemperatur geschätzt werden, mit dieser kann dann das erste cpN_mix separat berechnet werden und in einer Iteration Schleife verbessert werden, bis die geschätzte Mischungstemperatur mit der berechneten Mischungstemperatur übereinstimmt.

Alle Volumenströme sind dabei wieder auf den Normzustand bezogen. Das hat den Vorteil, dass diese wie Massenströme addiert werden dürfen.

Für die Dimensionierung der Strömungsquerschnitte muss man natürlich diese Normvolumenströme mithilfe der idealen Gasgleichung der Mischung in den zur jeweiligen Betriebstemperatur gehörenden Betriebsvolumenstrom umrechnen.

Mit der Berechnung des Partialdruckes des Wasserdampfs der Mischung und unter Verwendung der Dampftafel kann man in weiterer Folge die Kondensationstemperatur des Wasserdampfs bestimmen.

Bei der Berechnung der Wärmeströme ist zu beachten, dass SMath so wie auch MathCAD intern immer in Kelvin rechnet. Daher muss die untere Temperatur von cpN_mix, nämlich 0 [°C] in Kelvin angegeben werden um ein richtiges Ergebnis zu erhalten. Ausgegeben werden alle Temperaturen zum besseren Verständnis aber in [°C].

Mischung idealer Gase

Gas ein:

$$T\_G := 923,15 \ K = 650 \ °C$$

[Vol.%]

$$CO2 := 17,5$$

$$cpN\_G := 1,51 \ \frac{kJ}{m^3 \ K}$$

$$T\_0 := 273,15 \ K = 0 \ °C$$

$$VN\_G := 23,1 \ \frac{m^3}{s}$$

$$H2O := 10,0$$

$$O2 := 6,5$$

Alle Volumenströme sind auf den Normzustand bezogen

$$N2 := 66,0$$

$$Q\_G := cpN\_G \cdot VN\_G \cdot \left( T\_G - T\_0 \right) = 22,673 \ \text{MW}$$

trockene Luft:

$$T\_L := 293,15 \ K = 20 \ °C$$

$$cpN\_L := 1,3 \ \frac{kJ}{m^3 \ K}$$

$$VN\_L := 7,5 \ \frac{m^3}{s}$$

$$Q\_L := cpN\_L \cdot VN\_L \cdot \left( T\_L - T\_0 \right) = 195 \ \text{kW}$$

Gasmischung:

$$VN\_mix := VN\_G + VN\_L = 30,6 \ \frac{m^3}{s}$$

$$VN\_mix\_O2 := VN\_G \cdot \frac{O2}{100} + VN\_L \cdot 0,21 = 3,0765 \ \frac{m^3}{s}$$

$$VN\_mix\_N2 := VN\_G \cdot \frac{N2}{100} + VN\_L \cdot 0,79 = 21,171 \ \frac{m^3}{s}$$

$$VN\_mix\_CO2 := VN\_G \cdot \frac{CO2}{100} = 4,0425 \ \frac{m^3}{s}$$

$$VN\_mix\_H2O := VN\_G \cdot \frac{H2O}{100} = 2,31 \ \frac{m^3}{s}$$

Kontrolle:

$$VN\_mix\_CO2 + VN\_mix\_H2O + VN\_mix\_N2 + VN\_mix\_O2 = 30,6 \ \frac{m^3}{s}$$

$$O2\_mix := \frac{VN\_mix\_O2}{\frac{VN\_mix}{100}} = 10,0539 \ \text{[Vol.\%]}$$

$$N2\_mix := \frac{VN\_mix\_N2}{\frac{VN\_mix}{100}} = 69,1863 \ \text{[Vol.\%]}$$

$$H2O\_mix := \frac{VN\_mix\_H2O}{\frac{VN\_mix}{100}} = 7,549 \ \text{[Vol.\%]}$$

$$CO2\_mix := \frac{VN\_mix\_CO2}{\frac{VN\_mix}{100}} = 13,2108 \ \text{[Vol.\%]}$$

Bei Schätzung der Mischtemperatur kann damit cpN,mix errechnet werden.

$$cpN\_mix := 1,45 \ \frac{kJ}{m^3 \ K}$$

$$T\_mix := \frac{\left( Q\_G + Q\_L \right)}{cpN\_mix \cdot VN\_mix} + T\_0 = 515,4 \ °C$$

Üblicherweise ist eine Iteration notwendig.

## 2.4   Konvektion

Die Gleichungen für die Berechnung der Konvektion Nu (Gl. 3.43), $\zeta$ (Gl. 3.42) sind dem VDI – Wärmeatlas entnommen. Für die dimensionslosen Kennzahl Re und Nu siehe (Gl. 3.30) und (Gl. 3.32).

Stoffwerte von Wasser  bei einem Druck von 1 [bar]

$$T := \begin{bmatrix} 0 \\ 5 \\ 10 \\ 20 \\ 30 \\ 40 \\ 50 \\ 60 \\ 70 \\ 80 \\ 90 \\ 99,63 \end{bmatrix} \qquad v := \begin{bmatrix} 1,793 \\ 1,519 \\ 1,307 \\ 1,004 \\ 0,801 \\ 0,658 \\ 0,554 \\ 0,475 \\ 0,413 \\ 0,365 \\ 0,326 \\ 0,295 \end{bmatrix} \qquad Pr := \begin{bmatrix} 13,48 \\ 11,19 \\ 9,443 \\ 7,001 \\ 5,414 \\ 4,328 \\ 3,553 \\ 2,983 \\ 2,553 \\ 2,221 \\ 1,959 \\ 1,757 \end{bmatrix} \qquad \lambda := \begin{bmatrix} 561,0 \\ 570,5 \\ 580,0 \\ 598,4 \\ 615,5 \\ 630,6 \\ 643,6 \\ 654,4 \\ 663,1 \\ 670,0 \\ 675,2 \\ 678,9 \end{bmatrix}$$

mittlereWassertemperatur [°C]   Innendurchmesser Rohr [mm]      Rohrlänge [m]         Fluidgeschwindigkeit [m/s]

$T\_ist := 55$

$d\_i := 25$       $l := 5$       $v := 1$

v kinematische Viskosität [m²/s]

$v\_ist := \text{linterp}(T; v; T\_ist) \cdot 10^{-6} = 5,145 \cdot 10^{-7}$

Pr Prandtl-Zahl [/]

$Pr\_ist := \text{linterp}(T; Pr; T\_ist) = 3,268$

λ Wärmeleitfähigkeit [W/mK]

$\lambda\_ist := \text{linterp}(T; \lambda; T\_ist) \cdot 10^{-3} = 0,649$

Reynoldszahl

$$Re := v \cdot \frac{\left(\dfrac{d\_i}{1000}\right)}{v\_ist} = 48591$$

Druckverlustbeiwert

$$\xi := \left(1,8 \cdot \log_{10}(Re) - 1,5\right)^{-2} = 0,0208$$

Nußelt - Zahl

$$Nu := \left(\frac{\xi}{8}\right) \cdot Re \cdot \frac{Pr\_ist}{1 + 12,7 \cdot \left(\frac{\xi}{8}\right)^{0,5} \cdot \left(Pr\_ist^{\left(\frac{2}{3}\right)} - 1\right)} \cdot \left(1 + \left(\frac{\dfrac{d\_i}{1000}}{l}\right)^{\left(\frac{2}{3}\right)}\right) = 238,82$$

$$\alpha\_Konv := Nu \cdot \frac{\lambda\_ist}{\left(\dfrac{d\_i}{1000}\right)} = 6200 \; \frac{W}{m^2 K}$$

## 2.5    Wärmestrahlung

Bei Berechnungen der Wärmestrahlung sind die Temperaturen immer in Kelvin einzusetzen. Da, wie bereits erwähnt, SMath und MathCAD immer intern in [K] rechnen, passt hier die Angabe in [°C] auch.

Es werden die Gleichungen (Gl. 3.76), (Gl. 3.78) und (Gl. 3.86) in einer etwas anderen Schreibweise verwendet.

Wärmestrahlung  - Angestrahlte Wand (Index 2) umgibt die strahlende Wand (Index 1) vollkommen

Flächen:

$$A\_1 := 6 \, m^2 \qquad A\_2 := 80 \, m^2$$

Temperaturen:

$$T\_1 := 200 \;°C \qquad T\_2 := 20 \;°C$$

Emissionsverhältnisse:

$$\varepsilon\_1 := 0,95 \qquad \varepsilon\_2 := 0,9$$

Strahlungszahlen:

$$C\_s := 5,67 \, \frac{W}{m^2 \, K^4} \qquad C\_1 := C\_s \cdot \varepsilon\_1 = 5,3865 \, \frac{W}{m^2 \, K^4}$$

$$C\_2 := C\_s \cdot \varepsilon\_2 = 5,103 \, \frac{W}{m^2 \, K^4}$$

$$C\_1\_2 := \frac{1}{\dfrac{1}{C\_1} + \dfrac{A\_1}{A\_2} \cdot \left(\dfrac{1}{C\_2} - \dfrac{1}{C\_s}\right)} = 5,3442 \, \frac{W}{m^2 \, K^4}$$

$$Q\_str := A\_1 \cdot C\_1\_2 \cdot \left(\left(\frac{T\_1}{100}\right)^4 - \left(\frac{T\_2}{100}\right)^4\right) = 13702 \, W$$

Oder die Berechnung des Wärmeübergangskoeffizienten für Strahlung. Der in weitere Folge mit $\alpha$_Konv. kombiniert werden kann.

Berechnung des Temperaturfaktors:

$$\beta := \frac{\left(\dfrac{T\_1}{100}\right)^4 - \left(\dfrac{T\_2}{100}\right)^4}{T\_1 - T\_2} = 2,3741 \, K^3$$

Wärmeübergangskoeffizient für Strahlung:

$$\alpha\_Str := \beta \cdot C\_1\_2 = 12,6874 \, \frac{kg}{K \, s^3}$$

$$Q\_str := \alpha\_Str \cdot A\_1 \cdot (T\_1 - T\_2) = 13,7 \, kW$$

## 2.6    Wärmedurchgangszahlen

Durch die Serienschaltung der einzelnen Wärmewiderstände kann der Gesamtwiderstand und damit die Wärmedurchgangszahl ermittelt werden (Gl. 3.53).

Stahlwand
$$s := 4\ mm \qquad \lambda\_Stahl := 65\ \frac{W}{m\ K}$$

kondensierender Wasserdampf
$$\alpha\_i := 11600\ \frac{W}{m^2\ K}$$

Wasser (nicht siedend)
$$\alpha\_a := 580\ \frac{W}{m^2\ K}$$

Wärmedurchgangszahl der ebenen Wand
$$k\_v\_0 := \frac{1}{\dfrac{1}{\alpha\_i} + \dfrac{s}{\lambda\_Stahl} + \dfrac{1}{\alpha\_a}}$$

$$k\_v\_0 = 534 \cdot \frac{1}{K\ m^2}\ W \qquad\qquad \text{unverschmutzt}$$

- - - - - - - - - - - - - - - - - - - - - - - - - - - - - - - - - - - - - - - -

Verschmutzung durch eine einseitige dünne Ölschicht

$$s\_öl := 0,2\ mm \qquad \lambda\_öl := 0,12\ \frac{W}{m\ K}$$

$$k\_v\_eff := \frac{1}{\dfrac{1}{\alpha\_i} + \dfrac{s}{\lambda\_Stahl} + \dfrac{s\_öl}{\lambda\_öl} + \dfrac{1}{\alpha\_a}}$$

$$k\_v\_eff = 283 \cdot \frac{1}{K\ m^2}\ W \qquad\qquad \text{Wand mit Fouling}$$

Eine der drei möglichen Berechnungen der Wärmedurchgangszahl eines dickwandigen Rohres, nämlich jene über die Rohrlänge L ist hier angegeben (Gl. 3.56).

Stahlrohr $\qquad d\_i := 100\ \text{mm} \qquad d\_a := 110\ \text{mm}$

$$\lambda\_stahl := 49\ \frac{W}{m\ K}$$

gesättigter Wasserdampf $\qquad \alpha\_i := 11600\ \frac{W}{m^2\ K} \qquad T\_i := 180\ °C$

stehende Luft $\qquad \alpha\_a := 12,8\ \frac{W}{m^2\ K} \qquad T\_a := 20\ °C$

--------------------------------------------------------------------------------

Wärmedurchgangszahl bezogen auf die Rohrlänge

$$k\_R := \frac{\pi}{\dfrac{1}{\alpha\_i \cdot d\_i} + \dfrac{1}{2 \cdot \lambda\_stahl} \cdot \ln\left(\dfrac{d\_a}{d\_i}\right) + \dfrac{1}{\alpha\_a \cdot d\_a}}$$

$$k\_R = 4,41\ \frac{N}{K\ s} \quad [W/mK]$$

Verlustwärmestrom $\qquad L\_Leitung := 20\ m$

$$Q\_dot\_verlust := k\_R \cdot L\_Leitung \cdot \left(T\_i - T\_a\right)$$

$$Q\_dot\_verlust = 14,12\ kW$$

--------------------------------------------------------------------------------

mit einer Isolierschicht aus Kieselgur $\qquad \lambda\_isol := 0,1\ \frac{W}{m\ K}$

Dicke der Isolierschicht $\qquad s\_isol := 50\ \text{mm} \qquad D\_a := d\_a + 2 \cdot s\_isol$

$$D\_a = 0,21\ m \qquad\qquad D\_i := d\_a$$

$$k\_R\_isol := \frac{\pi}{\dfrac{1}{\alpha\_i \cdot d\_i} + \dfrac{1}{2 \cdot \lambda\_stahl} \cdot \ln\left(\dfrac{d\_a}{d\_i}\right) + \dfrac{1}{2 \cdot \lambda\_isol} \cdot \ln\left(\dfrac{D\_a}{D\_i}\right) + \dfrac{1}{\alpha\_a \cdot D\_a}}$$

$$k\_R\_isol = 0,87\ \frac{N}{K\ s} \quad [W/mK]$$

$$Q\_dot\_verlust := k\_R\_isol \cdot L\_Leitung \cdot \left(T\_i - T\_a\right)$$

$$Q\_dot\_verlust = 2,79\ kW$$

## 2.7  Finite-Differenzen-Methode

Das lineare Gleichungssystem für die FD – Methode kann in SMath wie in Math-CAD mit der inversen Koeffizientenmatrix berechnet werden. Siehe auch (Gl. 3.23) bis (Gl. 3.28).

Finite Differenzenmethode - Temperaturverteilung einer Fläche bei Vorgabe von konstanten Temperaturen an den Rändern

$$A := \begin{bmatrix} -4 & 1 & 0 & 1 & 0 & 0 & 0 & 0 & 0 & 0 & 0 & 0 \\ 1 & -4 & 1 & 0 & 1 & 0 & 0 & 0 & 0 & 0 & 0 & 0 \\ 0 & 1 & -4 & 0 & 0 & 1 & 0 & 0 & 0 & 0 & 0 & 0 \\ 1 & 0 & 0 & -4 & 1 & 0 & 1 & 0 & 0 & 0 & 0 & 0 \\ 0 & 1 & 0 & 1 & -4 & 1 & 0 & 1 & 0 & 0 & 0 & 0 \\ 0 & 0 & 1 & 0 & 1 & -4 & 0 & 0 & 1 & 0 & 0 & 0 \\ 0 & 0 & 0 & 1 & 0 & 0 & -4 & 1 & 0 & 1 & 0 & 0 \\ 0 & 0 & 0 & 0 & 1 & 0 & 1 & -4 & 1 & 0 & 1 & 0 \\ 0 & 0 & 0 & 0 & 0 & 1 & 0 & 1 & -4 & 0 & 0 & 1 \\ 0 & 0 & 0 & 0 & 0 & 0 & 1 & 0 & 0 & -4 & 1 & 0 \\ 0 & 0 & 0 & 0 & 0 & 0 & 0 & 1 & 0 & 1 & -4 & 1 \\ 0 & 0 & 0 & 0 & 0 & 0 & 0 & 0 & 1 & 0 & 1 & -4 \end{bmatrix} \qquad b := \begin{bmatrix} -140 \\ -100 \\ -160 \\ -40 \\ 0 \\ -60 \\ -40 \\ 0 \\ -60 \\ -50 \\ -10 \\ -70 \end{bmatrix} \qquad T := A^{-1} \cdot b = \begin{bmatrix} 66,6 \\ 74,7 \\ 73,9 \\ 51,7 \\ 58,2 \\ 60,8 \\ 42 \\ 45,6 \\ 51,1 \\ 30,8 \\ 31,1 \\ 38,1 \end{bmatrix}$$

|  | 100[°C] | 100[°C] | 100[°C] |  |
|---|---|---|---|---|
| 40[°C] | Knoten 1 | Knoten 2 | Knoten 3 | 60[°C] |
| 40[°C] | Knoten 4 | Knoten 5 | Knoten 6 | 60[°C] |
| 40[°C] | Knoten 7 | Knoten 8 | Knoten 9 | 60[°C] |
| 40[°C] | Knoten 10 | Knoten 11 | Knoten 12 | 60[°C] |
|  | 10[°C] | 10[°C] | 10[°C] |  |

Der Konstantenvektor b besteht aus den negativen Summen der Temperaturen in x- und y-Richtung, an die Knoten angrenzen. Für die inneren Knoten 5 und 8 ist die Summe also Null.

Die Koeffizientenmatrix A hat in den Hauptdiagonalen in diesem Fall immer den Wert −4. Die jeweiligen Nachbarknoten in x- und y-Richtung kommen mit dem Wert 1 vor. Der Lösungsvektor T gibt die errechneten Knotentemperaturen an.

## 2.8  Sonnenenergie

Für die Berechnung der mittleren Solarkonstanten außerhalb der Atmosphäre benötigen wir (Gl. 5.1) und (Gl. 5.2) sowie:

- Die Temperatur in der Photosphäre der Sonne und den mittleren Bahnradius der Erde um die Sonne. Er entspricht einer astronomischen Einheit.

- Die Stephan-Bolzmann-Konstante, also die Strahlungszahl des ideal schwarzen Strahlers. Denn als solchen kann man die hellstrahlende Sonne betrachten und den Radius der Sonne.
- Sowie die Gleichung für die Oberfläche einer Kugel.

Berechnung der extraterrestrischen Solarkonstanten der Erde

$$R\_sonne := 6,96 \cdot 10^8 \ m$$

$$rm\_erde := 1,496 \cdot 10^{11} \ m = 1 \ AE$$

$$T\_sonne := 5780 \ K$$

$$\sigma\_s := 5,6696 \cdot 10^{-8} \ \frac{W}{m^2 \, K^4}$$

$$Q\_sonne := \sigma\_s \cdot T\_sonne^4 \cdot R\_sonne^2 \cdot \pi \cdot 4 = 3,8521 \cdot 10^{17} \ GW$$

$$q\_solar := \frac{Q\_sonne}{4 \cdot \pi \cdot rm\_erde^2} = 1370 \ \frac{W}{m^2}$$

Die ‚peak' Leistung der Solarstrahlung auf der Erdoberfläche liegt dann bei ca. 1000 [W/m²].

Um den wichtigen Einfluss der Atmosphäre auf die mittlere Oberflächentemperatur der Erde zu verdeutlichen, berechnen wir die mittlere Oberflächentemperatur der Erde ohne Atmosphäre. Die Einstrahlung erfolgt über eine Kreisfläche mit dem Radius der Erde. Die Abstrahlung mit der Kugeloberfläche der Erde. D. h. in unserer Gleichung für das Strahlungsgleichgewicht kürzen sich der Erdradius und Pi heraus und es bleibt für das Flächenverhältnis nur der Faktor vier übrig.

Wir erhalten die mittlere Oberflächentemperatur eines Eisplaneten. Die tatsächliche mittlere Oberflächentemperatur unseres Heimatplaneten liegt bei ca. 15 [°C] – mit leider durch den menschgemachen Klimawandel steigender Tendenz.

Strahlungsgleichgewicht der Erde ohne Atmosphäre

$$q\_solar := 1367 \ \frac{W}{m^2}$$

$$\sigma\_s := 5,6696 \cdot 10^{-8} \ \frac{W}{m^2 \, K^4}$$

$\alpha\_m := 0,7$     mittlerer Absorptionsgrad der Erde

$\varepsilon\_m := 1$     mittlerer Emissionsgrad

$$T\_erde := \left( \frac{\alpha\_m \cdot q\_solar}{\varepsilon\_m \cdot \sigma\_s \cdot 4} \right)^{\frac{1}{4}} = 254,9 \ K$$

$$T\_erde = -18,3 \ °C$$

## 2.9   Verbrennungsrechnung

Für unser Berechnungsblatt benötigen wir die Gleichungen (Gl. 6.1), (Gl. 6.2) und (Gl. 6.3). Zu unserem regenerativen Brennstoff muss angemerkt werden, dass Holz nur bei seinem ‚Wieder-Anbau' ein regenerativer Brennstoff ist. Dasselbe gilt für das aus Biomasse gewonnenem Biogas. Es muss ein geschlossener Kreislauf vorliegen.

Holzpellets - Ofen

Brennstoffanalyse:

$C := 47,3$

$H2 := 5,7$      [Gew.%]

$O2 := 40,4$

$H2O := 6,0$

$N < 0,16$ [Gew%]

$S < 0,007$ [Gew%]

Rest Aschenanteil

Aus den Reaktionsgleichugen für C und H2 folgt:

$$O2\_min := \frac{8}{3} \cdot \frac{C}{100} + 8 \cdot \frac{H2}{100} - \frac{O2}{100} = 1,3133 \qquad [\text{kg O2 / kg Br.stoff}]$$

$$L\_min := \frac{O2\_min}{0,232} = 5,6609 \qquad [\text{kg tr. Luft / kg Br.stoff}]$$

$$\lambda := 2,2 \qquad \text{ist } \lambda\_opt \text{ für CO Minimum}$$

$$L\_tats := L\_min \cdot \lambda = 12,454 \qquad [\text{kg tr. Luft / kg Br.stoff}] \qquad \rho\_luft := 1,25 \ \frac{kg}{m^3}$$

$$Hu := 18 \ \frac{MJ}{kg} \qquad \text{Brennwert der Pellets (unteren Heizwert)}$$

$$\eta\_heiz := 0,91 \qquad \text{Wirkungsgrad der Wärmefreisetzung}$$

$$P\_heiz := 2,4 \ kW \qquad \text{Heizleistung}$$

$$m\_Brst := \frac{P\_heiz}{Hu \cdot \eta\_heiz} = 0,5275 \ \frac{kg}{hr} \qquad \text{Brennstoffmassenstrom pro Stunde}$$

$$V\_luft := \frac{m\_Brst \cdot L\_tats}{\rho\_luft} = 5,26 \ \frac{m^3}{hr}$$

Bei einem Passivhaus wird die Verbrennungsluft über ein Gebläse von außen zugeführt wegen der kontrollierten Wohnraumlüftung darf nicht die Raumluft verwendet werden,

$$m\_pellets := 34 \ kg \qquad \Delta t := \frac{m\_pellets}{m\_Brst} = 2,7 \ d \qquad$$

Der Brennstoffvorrat im Behälter des Ofens reicht für fast drei Tage.

$$\rho\_schütt := 650 \ \frac{kg}{m^3} \qquad \text{Schüttdichte der Pellets}$$

$$V\_behälter := \frac{m\_pellets}{\rho\_schütt} = 52 \ l \qquad \text{Größe des Pelletsvorratsbehälters}$$

## 2.10  Wärmetauscher

Wir berechnen als nächstes einen Gleichstrom Doppelrohr-Wärmetauscher unter der Annahme, dass wir die Wärmedurchgangszahl für die äußere Mantelfläche des Innenrohres bereits kennen.

Diese ist natürlich von den Stoffwerten der strömenden Fluiden (Wärmeleitzahl, kinematische Viskosität und Prandtlzahl) bezogen auf die mittleren Temperaturen der Fluide abhängig, sowie von den mittleren Strömungsgeschwindigkeiten und der Geometrie der Strömungsquerschnitte.

Die mittleren spezifischen isobaren Wärmekapazitäten und die Dichten der Fluide sind ebenfalls auf die mittleren Fluidtemperaturen bezogen.

Hätten wir einen Gegenstrom – Wärmetauscher vorliegen wäre die Gleichung von $\Delta Tm$ dieselbe. Nur $\Delta Tgr$ und $\Delta Tkl$ hätten natürlich andere Zahlenwerte. Da ein Gegenstrom – Wärmetauscher am effektivsten ist, wäre seine Baulänge ein Minimum.

Wenn die Austrittstemperaturen beider Fluide vorerst unbekannt wären, würde die Berechnung besser mit der NTU – Methode erfolgen. Aber man könnte natürlich unter der Einführung einer weiteren Iterationsschleife die gegenwärtige Berechnungsmethode beibehalten.

Anhaltswerte für die Wärmedurchgangszahlen der unterschiedlichsten Wärmetauscher und deren Fluide sind wieder im VDI – Wärmeatlas zu finden.

Wir verwenden die Gleichungen (Gl. 7.5), (Gl. 7.6) und (Gl. 7.7).

Doppelrohr - Gleichstrom - Wärmetauscher  (Wasser/Wasser)

$$T\_k\_ein := 30 \ °C \qquad V\_k := 0,2778 \ \frac{1}{s} \qquad \rho\_k := 992,69 \ \frac{kg}{m^3}$$

$$T\_k\_aus := 49,67 \ °C$$

$$T\_v\_ein := 90 \ °C \qquad V\_v := 0,2778 \ \frac{1}{s} \qquad \rho\_v := 971,7 \ \frac{kg}{m^3}$$

Stoffwerte werden auf die mittlere Fluidtemp. bezogen

Stoffwerte des wärmeren  Fluids sind vorerst Schätzwerte

$$cp\_k := 4,177 \ \frac{kJ}{kg \ K}$$

$$T\_k\_mittel := \frac{T\_k\_ein + T\_k\_aus}{2} = 39,8 \ °C$$

$$cp\_v := 4,197 \ \frac{kJ}{kg \ K}$$

$$Q\_k := V\_k \cdot \rho\_k \cdot cp\_k \cdot (T\_k\_aus - T\_k\_ein) = 22,66 \ kW$$

$$T\_v\_aus := T\_v\_ein - \frac{Q\_k}{V\_v \cdot \rho\_v \cdot cp\_v} = 70 \ °C$$

$$T\_v\_mittel := \frac{T\_v\_ein + T\_v\_aus}{2} = 80 \ °C$$

$$\Delta T\_gr := T\_v\_ein - T\_k\_ein = 60 \ K$$

$$\Delta T\_kl := T\_v\_aus - T\_k\_aus = 20,3 \ K$$

$$\Delta TmGL := \frac{\Delta T\_gr - \Delta T\_kl}{\ln\left(\frac{\Delta T\_gr}{\Delta T\_kl}\right)} = 36,7 \ K$$

$$k\_WT\_a := 6300 \ \frac{W}{m^2 \ K}$$

$$A\_WT := \frac{Q\_k}{k\_WT\_a \cdot \Delta TmGL} = 0,0981 \ m^2$$

$$v\_k := 2,02 \ \frac{m}{s} \qquad v\_v := 3,55 \ \frac{m}{s}$$

Wanddicke Innenrohr

$$d\_i := \sqrt{\frac{V\_v \cdot 4}{v\_v \cdot \pi}} = 10 \ mm \qquad s := 2,5 \ mm \qquad d\_a := 2 \cdot s + d\_i = 15 \ mm$$

$$D\_i := \sqrt{\frac{V\_k \cdot 4}{v\_k \cdot \pi} + d\_a^2} = 20 \ mm \qquad L := \frac{A\_WT}{d\_a \cdot \pi} = 2,08 \ m$$

## 2.11  Passivhäuser

Wir gehen für unsere Berechnungen davon aus, dass das Passivhaus mit seiner Fenster- und Terassentürenfront exakt nach Süden ausgerichtet ist und der Abstand zum Nachbargrundstück groß genug ist, dass es auf diese Front keinen Schattenwurf gibt.

Die Anzahl der Heiztage und der Heizgradtage werden durch die Klimaregion und die Höhe über dem Meeresspiegel bestimmt. Ebenso die Norm-Außentemperatur, also die ortsübliche Minimaltemperatur. Diese dient der Berechnung der Volllast. Diese Werte beziehen sich für die nachfolgenden Beispiele auf den Großraum Linz in Österreich.

Da sich die Windgeschwindigkeit, die Luftfeuchtigkeit und die jeweilige Sonneneinstrahlung ebenfalls auf die zum Heizen benötigte Energie auswirken ist die Anzahl der Heiztage bzw. der Heizgradtage nur für eine grobe Abschätzung geeignet.

Die Zahl der Heizgradtage besteht aus den über das Jahr aufsummierten täglichen Differenzen zwischen der Raumtemperatur von 20 [°C] und dem Tagesmittel der Außentemperatur. Nur Heiztage mit einer mittleren Außentemperatur von höchstens 12 [°C] werden dabei berücksichtigt.

Weiters gehen wir für unser Passivhaus von einem wärmeisolierten Keller und einer kontrollierten Wohnraumlüftung mit Wärmerückgewinnung aus.

Die Wärmedurchgangszahlen (U-Werte) sind dabei natürlich dem jeweiligen Bauteilaufbau anzupassen. Wir gehen dabei von einem äußeren Wärmeübergangskoeffizienten von ca. 23 [W/m$^2$K] und einem inneren Wärmeübergangskoeffizienten von ca. 8[W/m$^2$K] aus.

Als Erstes ein Berechnungsblatt für die Berechnung der Heizlast.

Heizlast eines Passivhauses (worst case)

Temperaturen:   $T\_aussen := 257,85\ K = -15,3\ °C$     $T\_keller := 283,15\ K = 10\ °C$
$T\_innen := 293,15\ K = 20\ °C$       $T\_dachboden := 268,15\ K = -5\ °C$

$T\_energiebrunnen := 268,15\ K = -5\ °C$

Wärmedurchgangszahlen:

$$U\_decke := 0,08\ \frac{W}{m^2\ K} \qquad U\_boden := 0,15\ \frac{W}{m^2\ K}$$

$$U\_wände := 0,1\ \frac{W}{m^2\ K} \qquad U\_fenster\_türen := 0,75\ \frac{W}{m^2\ K}$$

Abmessungen außen:   $a := 10\ m \qquad b := 10\ m \qquad h := 5,75\ m$

Oberflächen:

$$A\_fenster\_türen := 35\ m^2$$

$$A\_wände := 2 \cdot (a + b) \cdot h - A\_fenster\_türen = 195\ m^2$$

$$A\_decke := a \cdot b = 100\ m^2 \qquad A\_boden := a \cdot b = 100\ m^2$$

Lüftungsanlage:

$$V\_luft := 200\ \frac{m^3}{hr} \qquad \eta\_rück := 0,75$$

$$\rho\_luft := 1,25\ \frac{kg}{m^3} \qquad cp\_1 := 1,05\ \frac{kJ}{kg\ K}$$

Wärmestromverluste:

$$Q\_fenster\_türen := U\_fenster\_türen \cdot A\_fenster\_türen \cdot (T\_innen - T\_aussen) = 927\ W$$

$$Q\_boden := U\_boden \cdot A\_boden \cdot (T\_innen - T\_keller) = 150\ W$$

$$Q\_decke := U\_decke \cdot A\_decke \cdot (T\_innen - T\_dachboden) = 200\ W$$

$$Q\_wände := U\_wände \cdot A\_wände \cdot (T\_innen - T\_aussen) = 688\ W$$

$$Q\_ges\_trans := Q\_fenster\_türen + Q\_boden + Q\_decke + Q\_wände = 1965\ W$$

$$Q\_lüftung := V\_luft \cdot \rho\_luft \cdot cp\_1 \cdot (T\_innen - T\_energiebrunnen) \cdot (1 - \eta\_rück) = 456\ W$$

$$Q\_heizlast := Q\_lüftung + Q\_ges\_trans = 2,42\ kW$$

Damit ergibt sich eine Heizlast von ca. 2,5 [kW]

Im nächsten Berechnungsblatt berechnen wir die Energiekennzahl. Sie sollte für den Passivhausstandard bei unter 10 [kWh/m$^2$ a] liegen.

Heizgradtage:
$$HGT := 3550 \, \frac{K \, d}{a}$$

Abmessungen Haus außen:  $a := 10 \, m \qquad b := 10 \, m \qquad h := 5{,}75 \, m$

Oberflächen:  $A\_fenster\_türen := 35 \, m^2 \qquad A\_decke := a \cdot b = 100 \, m^2$

$A\_boden := a \cdot b = 100 \, m^2 \qquad A\_vände := 2 \cdot (a - b) \cdot h - A\_fenster\_türen = 195 \, m^2$

Wärmedurchgangszahlen:
$$U\_decke := 0{,}08 \, \frac{W}{m^2 \, K} \qquad\qquad U\_boden := 0{,}15 \, \frac{W}{m^2 \, K}$$

$$U\_vände := 0{,}1 \, \frac{W}{m^2 \, K} \qquad\qquad U\_fenster\_türen := 0{,}75 \, \frac{W}{m^2 \, K}$$

Transmissionsverluste pro Jahr

$$Q\_decke := U\_decke \cdot A\_decke \cdot HGT = 681{,}6 \, \frac{kW \, hr}{a}$$

$$Q\_boden := U\_boden \cdot A\_boden \cdot HGT = 1278 \, \frac{kW \, hr}{a}$$

$$Q\_vände := U\_vände \cdot A\_vände \cdot HGT = 1661{,}4 \, kW \, \frac{hr}{a}$$

$$Q\_fenster\_türen := U\_fenster\_türen \cdot A\_fenster\_türen \cdot HGT = 2236{,}5 \, kW \, \frac{hr}{a}$$

$$Q\_trans\_ges := Q\_decke + Q\_boden + Q\_vände + Q\_fenster\_türen = 5857{,}5 \, kW \, \frac{hr}{a}$$

Globalstrahlung an Heiztagen (vertikal):

$$G\_süden := 433 \, kW \, \frac{hr}{a \, m^2} \quad G\_osten := 233 \, kW \, \frac{hr}{a \, m^2} \quad G\_vesten := 247 \, kW \, \frac{hr}{a \, m^2} \quad G\_norden := 115 \, kW \, \frac{hr}{a \, m^2}$$

$$A\_süden := 20 \, m^2 \qquad A\_osten := 6{,}5 \, m^2 \qquad A\_vesten := 6{,}5 \, m^2 \qquad A\_norden := 2 \, m^2$$

Glasanteil:  $f\_r := 0{,}7 \qquad$ Durchlässigkeit:  $g := 0{,}6$

$$Q\_solar := (G\_süden \cdot A\_süden + G\_osten \cdot A\_osten + G\_vesten \cdot A\_vesten + G\_norden \cdot A\_norden) \cdot f\_r \cdot g$$

$$Q\_solar = 5044{,}2 \, kW \, \frac{hr}{a} \qquad\qquad V\_luft := 200 \, \frac{m^3}{hr} \qquad n\_rück := 0{,}75$$

Kontrollierte Wohnraumlüftung mit Wärmerückgewinnung:  $\rho\_1 := 1{,}2 \, \frac{kg}{m^3} \qquad cp\_1 := 1{,}05 \, \frac{kJ}{kg \, K}$

$$Q\_lüft\_verlust := HGT \cdot V\_luft \cdot \rho\_1 \cdot cp\_1 \cdot (1 - n\_rück) = 1491 \, kW \, \frac{hr}{a}$$

Energiekennzahl (ohne Abwärme von Personen, ohne Abwärme aus Elektroanlagen und ohne Gewinne Energiebrunnen)

$$EKZ := \frac{(Q\_trans\_ges + Q\_lüft\_verlust - Q\_solar)}{(A\_boden + A\_decke)} = 11{,}5 \, kW \, \frac{hr}{m^2 \, a}$$

Abwärme von Personen:
$$HT := 100 \, \frac{d}{a} \qquad \text{Heiztage pro Jahr}$$

$$h\_p := 12 \, \frac{hr}{d} \qquad \text{Aufenthaltszeit pro Person und Tag}$$

$$P := 4 \qquad \text{Anzahl der Personen}$$

$$cp := 80 \, W \qquad \text{Wärmeabgabe pro Person}$$

$$Q\_pers := cp \cdot P \cdot h\_p \cdot HT = 384 \, kW \, \frac{hr}{a}$$

$$EKZ\_2 := \frac{(Q\_trans\_ges + Q\_lüft\_verlust - Q\_solar - Q\_pers)}{A\_boden + A\_boden} = 9{,}6 \, kW \, \frac{hr}{m^2 \, a}$$

Damit wird bereits ohne Wärmegewinn aus Elektroanlagen die Kategorie A++ und damit Passivhausstandard erreicht.

# Python 3

## 3.1 Einleitung

Python ist eine freie universelle Programmiersprache, die modern und doch leicht zu lernen und zu lesen ist.

Sie wurde 1989 von Guido van Rossum beeinflusst von ABC, C, C++, Java und weiteren Programmiersprachen entwickelt und 1991 veröffentlicht. Aufgrund der breit gefächerten Anwendungsmöglichkeiten von Python wird sie auch als Schweizermesser unter den Programmiersprachen bezeichnet.

Durch die Verwendung der Programmodule NumPy, SciPy und Matplotlib hat sie im Bereich der wissenschaftlichen Berechnungen das alt ehrwürdige FORTRAN verdrängt und auch im Vergleich mit C++ liegt sie gut im Rennen. Python ist eine Skriptsprache und kann über die einfache Python Shell erforscht werden. Aber auch die Umwandlung in ein eigenständiges exe – Programm ist möglich.

Im Bereich der Thermodynamik gibt es Python-Wrapper für CoolProp der freien Thermodynamik Stoffwerte Bibliothek und für Cantera einer freien Software für Thermodynamische und Reaktionskinetische Berechnungen. Um vorerst nur einige zu nennen.

## 3.2 Installation von Python

Python kann Plattformübergreifend verwendet werden, also für Windows, Linux und MacOS. Wir wollen uns nur die Installation unter Windows genauer ansehen. Unter Linux ist es am besten auf den Package Manager z. B. von Ubuntu zurückzugreifen.

© Der/die Autor(en), exklusiv lizenziert an Springer-Verlag GmbH, DE, ein Teil von Springer Nature 2024
H. Schmid, *Python und SMath in der Wärmetechnik,*
https://doi.org/10.1007/978-3-662-70230-7_3

Unter www.python.org/downloads kann das Windows Installer.exe File heruntergeladen werden. Ab der Version 3.4 ist PIP das Package Management System inkludiert. Mit PIP können über die Windows Powershell oder über die Windows Eingabeaufforderung die benötigten Programmodule heruntergeladen und installiert werden.

Aber man kann es natürlich auch über den Microsoft Store → Apps → Python → Python 3.11 → installieren.

Für ein reibungsloses Funktionieren von pip ist diese Form der Installation zu bevorzugen.

Als dritte Variante bietet sich die für Studenten, Akademiker und Hobbyisten frei verfügbare Version von Anaconda www.anaconda.com an. Sie beinhaltet Spyder www.spyder-ide.org eine wissenschaftliche Open-Source-Entwicklungsumgebung. Als auch Jupyter http://jupyter.org zur Unterstützung interaktiver wissenschaftlicher Berechnungen mit verschiedenen Programmiersprachen bevorzugt natürlich mit Python.

Als vierte Variante gibt es die frei verfügbare Intel® Distribution for Python, sie basiert auf Anaconda und bietet für umfangreiche wissenschaftliche Berechnungen auf Intel Plattformen einen Geschwindigkeitsvorteil.

Wir bleiben bei der für unsere Zwecke ausreichenden Variante der ‚Python Software Foundation‘.

Mit dem Befehl:

```
import this
```

in der Pythonshell können wir uns gleich mit dem Zen of Python dem Osterei im Python Interpreter bekannt machen.

## 3.3 Finite – Differenzen – Methode

Um die Länge der Python – Programme für den Einstieg möglichst kurz zu halten, wollen wir uns hier auf Systeme mit zwölf Knoten beschränken. Die Koeffizientenmatrix mit ihren 144 Werten und dem Konstantenvektor wollen wir natürlich von einem Python Programm erstellen lassen. Zur Lösung unseres Matrix – Vektor Systems benötigen wir den Modul NumPy und zur Erstellung eines Konturplots für unsere Knotentemperaturen den Modul Matplotlib. Über die Windows Eingabeaufforderung können wir mit dem Befehl pip install numpy bzw. pip install matplotlib unsere zwei benötigten Module installieren.

### 3.3.1 Wärmeleitung

Aufgabenstellung: Bestimmung der Temperaturen der inneren Knoten bei Vorgabe der Temperaturen der Randknoten.

| | To [°C] | To [°C] | To [°C] | |
|---|---|---|---|---|
| TL [°C] | Knoten 0 | Knoten 1 | Knoten 2 | TR [°C] |
| TL [°C] | Knoten 3 | Knoten 4 | Knoten 5 | TR [°C] |
| TL [°C] | Knoten 6 | Knoten 7 | Knoten 8 | TR [°C] |
| TL [°C] | Knoten 9 | Knoten 10 | Knoten 11 | TR [°C] |
| | Tu [°C] | Tu [°C] | Tu [°C] | |

Eingabe der Randtemperaturen in Grad Celsius:

```
To [°C]: 100
Tu [°C]: 10
TL [°C]: 40
TR [°C]: 60
```

Wir verwenden folgende Matrix für die Knotenbezeichnungen:

```
[[ 0.  1.  2.]
 [ 3.  4.  5.]
 [ 6.  7.  8.]
 [ 9. 10. 11.]]
```

Und erstellen mit unserem Python Programm (Listing 3.1) die Koeffizientenmatrix und den Konstantenvektor.

```
Koeffizientenmatrix
[[-4.  1.  0.  1.  0.  0.  0.  0.  0.  0.  0.  0.]
 [ 1. -4.  1.  0.  1.  0.  0.  0.  0.  0.  0.  0.]
 [ 0.  1. -4.  0.  0.  1.  0.  0.  0.  0.  0.  0.]
 [ 1.  0.  0. -4.  1.  0.  1.  0.  0.  0.  0.  0.]
 [ 0.  1.  0.  1. -4.  1.  0.  1.  0.  0.  0.  0.]
 [ 0.  0.  1.  0.  1. -4.  0.  0.  1.  0.  0.  0.]
 [ 0.  0.  0.  1.  0.  0. -4.  1.  0.  1.  0.  0.]
 [ 0.  0.  0.  0.  1.  0.  1. -4.  1.  0.  1.  0.]
 [ 0.  0.  0.  0.  0.  1.  0.  1. -4.  0.  0.  1.]
 [ 0.  0.  0.  0.  0.  0.  1.  0.  0. -4.  1.  0.]
 [ 0.  0.  0.  0.  0.  0.  0.  1.  0.  1. -4.  1.]
 [ 0.  0.  0.  0.  0.  0.  0.  0.  1.  0.  1. -4.]]


Konstantenvektor
[140. 100. 160.  40.   0.  60.  40.   0.  60.  50.  10.  70.]
```

Damit kann unser Python Programm den Lösungsvektor, also die Temperaturen der inneren Knoten errechnen. Wir erhalten:

```
[[66.59080583 74.66151749 73.8635331 ]
 [51.70170584 58.19173103 60.79261493]
 [42.02428648 45.61108587 51.11519557]
 [30.78435422 31.1131304  38.05708149]]
```

Unter Verwendung des Python – Modules ‚matplotlib.pyplot' erstellt unser Programm einen Plot, mit den gefüllten Konturen unserer inneren Temperaturen.

Dabei werden im Python Programm folgende Befehle aus diesem Modul verwendet:

plt.figure() – Erzeugt hier eine neue Abbildung.

plt.contourf(..,..,..) – Erzeugt einen Plot mit gefüllten Konturen.

plt.colorbar (..) – Zuordnung der Skalarwerte einer Achse zu den Farben.

plt.title('...') – Text für die Verwendung als Titel.

plt.xlabel( '...') – Text für die Beschriftung der x – Achse.

plt.ylabel('...') – Text für die Beschriftung der y – Achse.

plt.show() – Darstellung aller offenen Abbildungen.

Für alle Details zu diesen Befehlen siehe https://matplotlib.org (Abb. 3.1).

Listing 3.1  Python-Code, FDM mit Berandungstemperaturen

**Abb. 3.1**  FDM – Methode, Temperaturverteilung – Vorgabe der Randtemperauturen

```python
import numpy as np
import matplotlib.pyplot as plt

# Berandungstemp. oben, unten, links u. rechts
To = float(input('To [°C]:  '))
Tu = float(input('Tu [°C]:  '))
TL = float(input('TL [°C]:  '))
TR = float(input('TR [°C]:  '))
l = 3  # x - Richtung Anzahl Knoten
k = 4  # y - Richtung Anzahl Knoten
z = l * k
Problem = np.arange(0.0, z).reshape((k, l))
print('\n Matrix mit Knotenbezeichnungen')
print(Problem)

# FDM - Knotenmatrix mit 12 Knoten
koeff_m = np.zeros((z, z))
for i in range(0, z):
    # Hauptdiagonale
    koeff_m[i, i] = -4
    # Nebendiagonalen
    if i - 3 >= 0 and i - 3 < z:
        koeff_m[i - 3, i] = 1
    if i + 3 >= 0 and i + 3 < z:
        koeff_m[i + 3, i] = 1

    if i in [1, 4, 7, 10]:
        koeff_m[i - 1, i] = 1
        koeff_m[i + 1, i] = 1
        koeff_m[i, i - 1] = 1
        koeff_m[i, i + 1] = 1
print('\n Koeffizientenmatrix')
print(koeff_m)

# Konstantenvektor
b = np.array([To + TL, To, To + TR, TL, 0,
              TR, TL, 0, TR, TL + Tu, Tu, Tu + TR])
print('\n Konstantenvektor')
print(b)

# Gleichungssystem lösen   (Achtung -b)
T_x = np.linalg.solve(koeff_m, -b)
Z = T_x.reshape((k, l))
print('\n Lösungsvektor')
print(Z)

# Konturplot erstellen
xlist = np.linspace(0, 3, l)
ylist = np.linspace(4, 0, k)   # Richtung von y muss vertauscht sein
X, Y = np.meshgrid(xlist, ylist)
plt.figure()
Tx = plt.contourf(X, Y, Z)
plt.colorbar(Tx)
plt.title('FDM - Temperaturen [°C] - Wärmeleitung')
plt.xlabel('x - Achse')
plt.ylabel('y - Achse')
plt.show()
```

Unser Python Programm verwendet vom Python – Modul ‚numpy' folgende Array Erzeugungs-Routinen:

np.zeros((..,..)) – Gibt ein neues Array der Form (..,..) gefüllt mit Nullen zurück. Bei uns die Koeffizientenmatrix mit 144 Nullen.

np.array( [....,...]) – Erzeugt ein Array. Bei uns Erzeugung des Konstantenvektors und Erzeugung der Matrix mit den Knotenbezeichnungen.

np.linspace( Startwert, Endwert, Anzahl der Werte) – Erzeugung eines Arrays von Werten für die x- und y-Richtung.

np.meshgrid(..,..) – Hier der 2D-Fall, Erzeugung einer kartesichen Matrix aus den x- und y-Vektoren.

Die Routine für die Lösung eines linearen Systems von skalaren Gleichungen, die wir in Matrix – Vektor – Form angegeben haben.

Erfolgt mit:

np.linalg.solve(..,..) – Ermittlung des Lösungsvektors aus der Koeffizientenmatrix und dem Konstantenvektor.

Für die Feinheiten der jeweiligen Befehle siehe https://numpy.org die API – Referenz dieses Python Moduls.

### 3.3.2  Konvektion

Als nächstes erstellen wir ein Programm für die FDM – Methode mit konvektiven Randbedingungen an allen vier Seiten unserer betrachteten Rechteckfläche.

Wir müssen folgende Werte vorgeben:

```
alpha [W/m²K]:   20
lambda [W/mK]:   0.5
del_x [m]:   0.01
Tu_o [°C]:   10
Tu_u [°C]:   100
Tu_l [°C]:   100
Tu_r [°C]:   100
```

Den Wärmeübertragungskoeffizienten, die Wärmeleitfähigkeit des verwendeten Werkstoffes, den Gitterabstand unserer Berechnung (x- und y-Richtung gleicher Gitterabstand) und die Umgebungstemperaturen des jeweiligen Fluides. Bei uns ist das Fluid immer Luft.

Damit erstellt unser Python Programm wieder einen Konstantenvektor und die Koeffizientenmatrix.

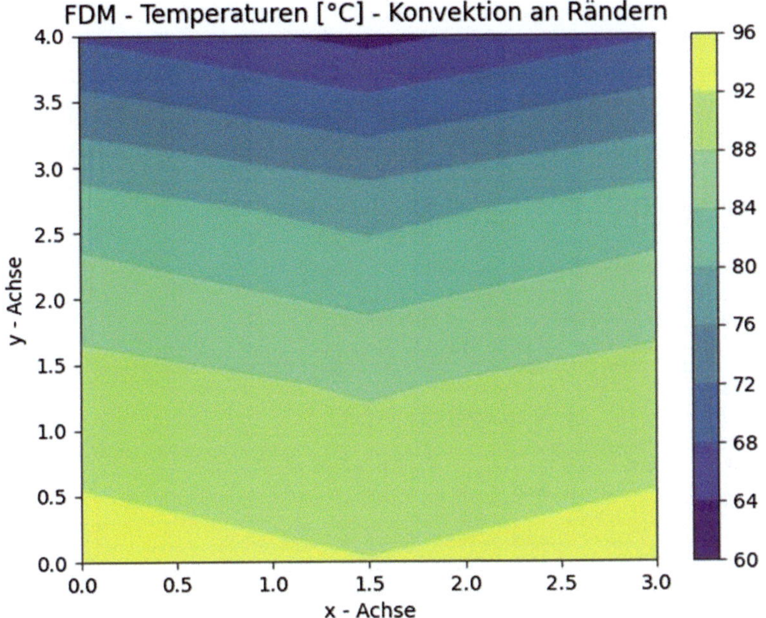



**Abb. 3.2**  FDM – Methode, Temperaturverteilung – Vorgabe Konvektion an den Rändern

```
Konstantenvektor
[22.   4. 22. 40.   0. 40. 40.   0. 40. 40. 40. 40.]


Koeffizientenmatrix
[[-1.4  0.5  0.    0.5  0.    0.    0.    0.    0.    0.    0.    0. ]
 [ 0.5 -2.4  0.5  0.    1.    0.    0.    0.    0.    0.    0.    0. ]
 [ 0.    0.5 -1.4  0.    0.    0.5  0.    0.    0.    0.    0.    0. ]
 [ 0.5  0.    0.   -2.4  1.    0.    0.5  0.    0.    0.    0.    0. ]
 [ 0.    1.    0.    1.   -4.   1.    0.    1.    0.    0.    0.    0. ]
 [ 0.    0.    0.5  0.    1.   -2.4  0.    0.    0.5  0.    0.    0. ]
 [ 0.    0.    0.    0.5  0.    0.   -2.4  1.    0.    0.5  0.    0. ]
 [ 0.    0.    0.    0.    1.    0.    1.   -4.   1.    0.    1.    0. ]
 [ 0.    0.    0.    0.    0.    0.5  0.    1.   -2.4  0.    0.    0.5]
 [ 0.    0.    0.    0.    0.    0.    0.5  0.    0.   -1.4  0.5  0. ]
 [ 0.    0.    0.    0.    0.    0.    0.    1.    0.    0.5 -2.4  0.5]
 [ 0.    0.    0.    0.    0.    0.    0.    0.    0.5  0.    0.5 -1.4]]
```

Es wird wieder der Lösungsvektor der Temperaturen der inneren Knoten errechnet und
in einem Konturen-Plot dargestellt (Abb. 3.2).

```
 Lösungsvektor
 [[67.35384461 62.46473802 67.35384461]
  [82.12602689 78.56152664 82.12602689]
  [89.72803119 87.52931476 89.72803119]
  [93.50989329 92.09967002 93.50989329]]
```

**Listing 3.2** Python Code, FDM – Methode, Berandung – Konvektion

```python
43    # FDM - Koeffizienten - Matrix (12x12)
44    Liste = Prob.T.reshape(-1)
45    diagW = [-4, -(2+koef), -(1+koef)]
46    koeff_m = np.zeros((z, z))
47    for i in range(0, z):
48        # Hauptdiagonale
49        koeff_m[i, i] = diagW[Liste[i]]
50        # Nebendiagonalen
51        v = 1 if i in [1, 4, 7, 10] else 0.5
52        if i - 3 >= 0 and i - 3 < z:
53            koeff_m[i - 3, i] = v
54        if i + 3 >= 0 and i + 3 < z:
55            koeff_m[i + 3, i] = v
56
57        if i in [1, 4, 7, 10]:
58            v = 0.5 if i == 1 or i == 10 else 1
59            koeff_m[i - 1, i] = v
60            koeff_m[i + 1, i] = v
61            koeff_m[i, i - 1] = v
62            koeff_m[i, i + 1] = v
63    print('\n Koeffizientenmatrix')
64    print(koeff_m)
65    # ---Gleichungssystem lösen (Achtung -b)----
66    T_x = np.linalg.solve(koeff_m, -b)
67    Z = T_x.reshape((k, l))
68    print('\n Lösungsvektor')
69    print(Z)
70    # ----Konturplot erstellen-----------------
71    xlist = np.linspace(0, 3, l)
72    ylist = np.linspace(4, 0, k)   # Richtung von y muss vertauscht sein
73    X, Y = np.meshgrid(xlist, ylist)
74    plt.figure()
75    Tx = plt.contourf(X, Y, Z)
76    plt.colorbar(Tx)
77    plt.title('FDM - Temperaturen [°C] - Konvektion an Rändern')
78    plt.xlabel('x - Achse')
79    plt.ylabel('y - Achse')
80    plt.show()
81
```

## 3.4    Stoffdatenermittlung

Bevor wir uns den Stoffwertbibliotheken in den verschieden Python-Modulen zuwenden, ermitteln wir aus den in der Fachliteratur meist vorhandenen Stoffwerttabellen mit der NumPy Funktion polyfit(x,y,n) die Koeffizienten eines Stoffwertpolynoms vom Grad n. Der Grad des Polynoms sollte nicht zu groß angesetzt werden, da es sonst zu einem Überschwingen kommen kann.

Mit poly1d(...) kann dann das Polynom unter Eingabe der Koeffizienten des Polynoms in abnehmender Potenz erzeugt werden.

NumPy muss über pip install numpy erst installiert werden. Dazu am besten unter → Suche→cmd →die App Eingabeaufforderung öffnen und eben →pip install numpy eingeben.

### 3.4.1    Daten aus VDI-Wärmeatlas

Wir beginnen ganz klassisch mit den Stoffwerten der trockenen Luft bei einem Druck von p = 1 [bar].

Denn für die Berechnung einer Wärmeübergangszahl benötigen wir bekannterweise: Die kinematische Viskosität, die Wärmeleitzahl und die Prandtl Zahl des Fluids; für Wärmetauscher Berechnungen zusätzlich die spezifische Wärmekapazität, die Dichte und eventuell die Enthalpie. Eine große Anzahl von Fluiden kann so mit den Daten aus dem VDI-Wärmeatlas berechnet werden.

Listing 3.3 Python-Code  Stoffwertpolynom für die spez. Wärmekapazität, Stoffdaten aus dem VDI – Wärmeatlas (Dbb2, 10.Auflage)

```python
import numpy as np
import matplotlib.pyplot as plt

# Temperaturen von 0 bis 1000 [°C]
x = np.array([0., 50., 100., 200., 300., 400., 500.,
              600., 700., 800., 900., 1000.])

# spezifische Wärmekapazität von Luft beim Druck p=1 [bar]
y = np.array([1.0059, 1.0077, 1.0115, 1.0252, 1.0454,
              1.0688, 1.0927, 1.1154, 1.1361, 1.1544,
              1.1706, 1.1846])

z = np.polyfit(x, y, 5)
print('\n Die Koeffizienten des Stoffwertpolynoms')
print(z)

cp_Luft = np.poly1d(z)
print('\n Das Stoffwertpolynom fünften Grades')
print(cp_Luft)

xp = np.linspace(0, 1000, 100)
_ = plt.plot(x, y, '.', xp, cp_Luft(xp), '-')
plt.ylim(1, 1.2)
plt.grid('on')
plt.title('spez. Wärmekapazität von Luft beim Druck p=1 [bar]')
plt.xlabel('T [°C]')
plt.ylabel('cp [kJ/kg K]')
plt.show()
```

```
Die Koeffizienten des Stoffwertpolynoms
[ 4.63336233e-17  1.28002946e-13 -6.15203775e-10  6.23559946e-07
 -4.12672264e-06  1.00611834e+00]

Das Stoffwertpolynom fünften Grades
          5             4             3             2
4.633e-17 x + 1.28e-13 x - 6.152e-10 x + 6.236e-07 x - 4.127e-06 x + 1.006
```

Für die Ausgabe des Diagramms haben wir folgende neue matplotlib.pyplot Befehle:

plt.plot(x,y,'..',..,..,'..') – Plotten von y über x als Linie oder Datenpunkte auch mehrfach

plt.ylim(min-Wert,max-Wert) – Minimaler- und Maximaler Wert der y – Achse

plt.grid – Zeichnen von Gitterlinien (Abb. 3.3)

## 3.4.2  Stoffwerte mit CoolProp

CoolProp ist eine Open-Source Thermodynamik Stoffdatenbank für 122 Fluide und feuchte Luft. Sie wurde von Ian Bell in C++ programmiert. Für CoolProp gibt es Wrapper für C#, Java und natürlich Python, für Windows, Linus und MacOS. www.coolprop.org

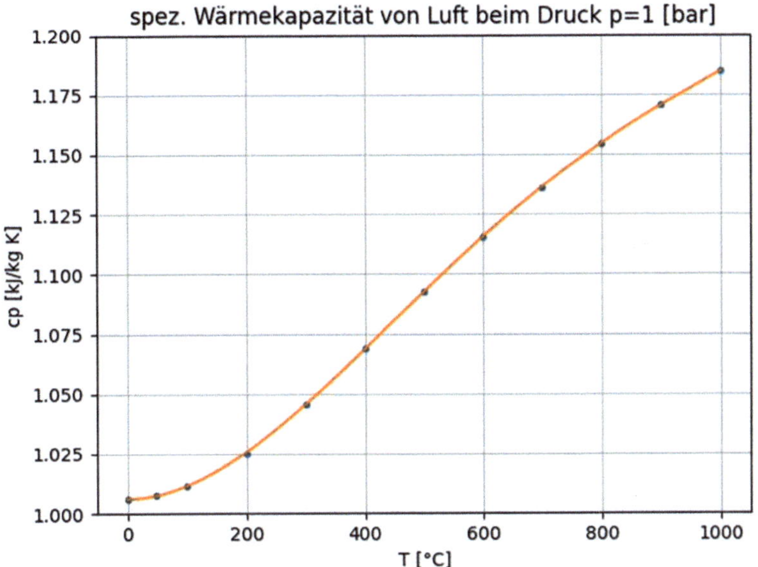

**Abb. 3.3** Spezifische Wärmekapazität der trockenen Luft

Außerdem sind Schnittstellen für MATLAB, Octave, EXCEL und SMath erhältlich.

In Python muss CoolProp wieder über die →Eingabeaufforderung mit → pip import coolprop installiert werden.

Mit der Eingabe von

```
>>> from CoolProp.CoolProp import FluidsList
>>> FluidsList()
```

in der Python IDLE erhält man die Liste aller Fluide in CoolProp.

Für uns sind vorerst nur:

Air, Ammonia, CarbonDioxide, CarbonMonoxide, Hydrogen, Methane, Nitrogen, Oxygen und Water interessant.

Mit Ammoniak, Kohlendioxid und Wasser haben wir auch gleich die drei wichtigsten anorganischen Kältemittel sie haben die Kurzbezeichnungen: R-717, R-744 u. R-718

R steht für ‚Refrigerant‘, 7 für anorganische Kältemittel und die nächsten zwei Ziffern sind jeweils die Molmasse.

Für die Berechnung von Wärmepumpen und Kältemaschinen gibt es die folgenden organischen Kältemittel:

```
'R11', 'R113', 'R114', 'R115', 'R116', 'R12', 'R123', 'R1233zd(E)',
'R1234yf', 'R1234ze(E)', 'R1234ze(Z)', 'R124', 'R1243zf', 'R125',
```

```
'R13',  'R134a',  'R13I1',  'R14',  'R141b',  'R142b',  'R143a',  'R152A',
'R161',  'R21',  'R218',  'R22',  'R227EA',  'R23',  'R236EA',  'R236FA',
'R245ca',  'R245fa',  'R32',  'R365MFC',  'R40',  'R404A',  'R407C',  'R41',
'R410A',  'R507A',  'RC318'
```

Empfohlen sind die nachhaltigen Kältemittel R123yf, R32 für kleine und R410A für große Systeme.

Als erstes wollen wir für die trockene Luft die bei unseren Berechnungen wichtigen Stoffwerte: Dichte, spezifische isobare Wärmekapazität, Wärmeleitfähigkeit, dynamische Viskosität und die Prandtlzahl mit CoolProp berechnen und in Diagrammen den VDI-Wärmeatlas Werten gegenüberstellen.

Listing 3.4 CoolProp u. VDI – Vergleich , Stoffwerte trockene Luft

```python
 1  import matplotlib.pyplot as plt
 2  import numpy as np
 3  import CoolProp.CoolProp as CP
 4
 5  # [K]  Tn=273.15[K]=0[°C] Normzustand
 6  T = np.linspace(273.15, 1273.15, 101)
 7  Fluid = 'Air'  # 'Water'
 8  # [Pa], 1[bar]=100000[Pa] pn=101325[Pa] Normzustand
 9  P = 100000
10  a = ['D', 'L', 'C', 'V', 'PRANDTL']
11  b = ['rho [kg/m³]', 'lambda [W/mK]', 'cp [J/kg K]', 'dyn.Visk. [Pa s]', 'Pr [/]']
12  # [°C]
13  T_VDI = [0, 40, 100, 200, 300, 400, 500, 600, 700, 800, 900, 1000]
14  # für 1[bar]
15  Stoff_VDI = np.array([
16      [1.275, 24.18e-3, 1006., 17.24e-6, 0.7179],
17      [1.112, 27.16e-3, 1007., 19.20e-6, 0.7122],
18      [0.9329, 31.39e-3, 1012., 21.94e-6, 0.7070],
19      [0.7356, 37.95e-3, 1026., 26.09e-6, 0.7051],
20      [0.6072, 44.09e-3, 1046., 29.86e-6, 0.7083],
21      [0.5170, 49.96e-3, 1069., 33.35e-6, 0.7137],
22      [0.4502, 55.64e-3, 1093., 36.62e-6, 0.7194],
23      [0.3986, 61.14e-3, 1116., 39.17e-6, 0.7247],
24      [0.3576, 66.46e-3, 1137., 42.66e-6, 0.7295],
25      [0.3243, 71.54e-3, 1155., 45.48e-6, 0.7342],
26      [0.2967, 76.33e-3, 1171., 48.19e-6, 0.7395],
27      [0.2734, 80.77e-3, 1185., 50.82e-6, 0.7458]])
28
29  for n in range(0, 5):
30      plt.figure()
31      plt.plot(T-273.15, CP.PropsSI(a[n], 'T', T, 'P', P, Fluid))
32      for nn in range(0, 12):
33          plt.plot(T_VDI[nn], Stoff_VDI[nn][n], 'ro')
34      plt.title(b[n]+' Stoffwerte Luft für p=1[bar]')
35      plt.xlabel('T [°C]')
36      plt.ylabel(b[n])
37      plt.grid('on')
38      plt.show()
39
```

Damit liefert uns das Python-Programm folgende Diagramme:

Sie zeigen bis auf die Prandtl Zahl eine ausgezeichnete Übereinstimmung (Abb. 3.4, 3.5, 3.6, 3.7, 3.8).

Wie wir in unserem Musterprogramm bereits gesehen haben erhalten wir mit:

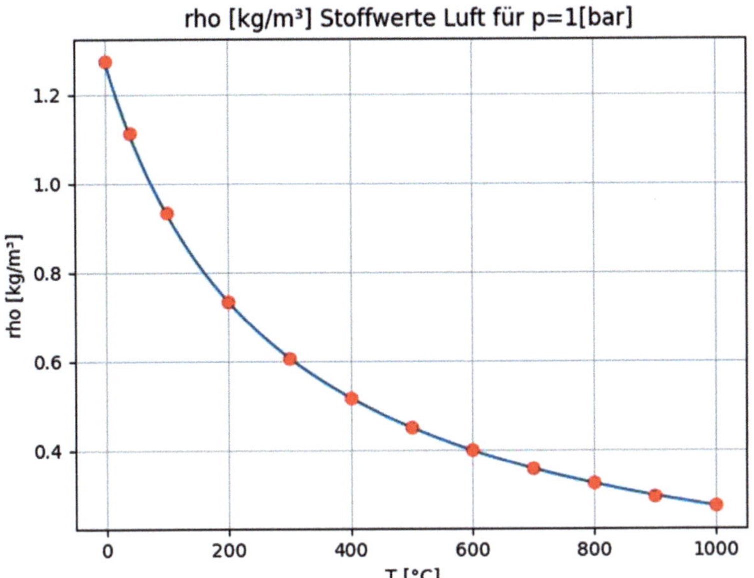


**Abb. 3.4**  Dichte der trockenen Luft, Datenpunkte – VDI – Werte, Linie – CoolProp – Werte

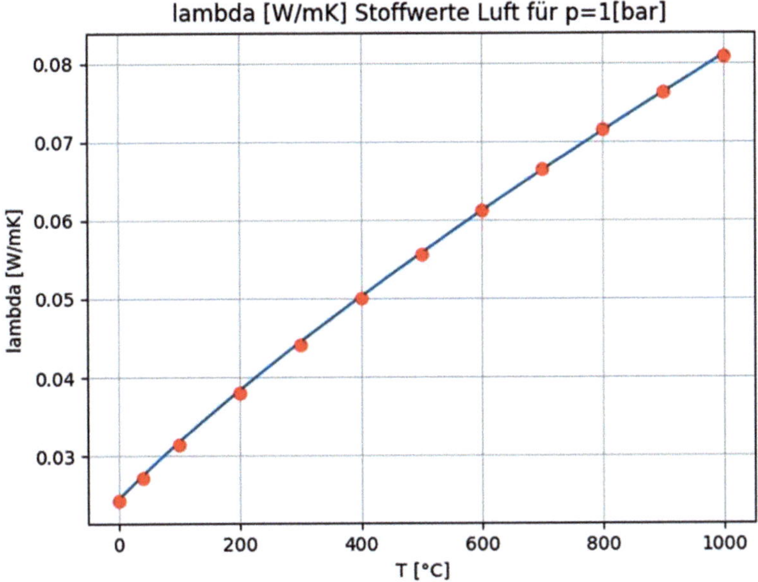


**Abb. 3.5**  Wärmeleitfähigkeit der trockenen Luft, Datenpunkte – VDI – Werte, Linie – CoolProp – Werte

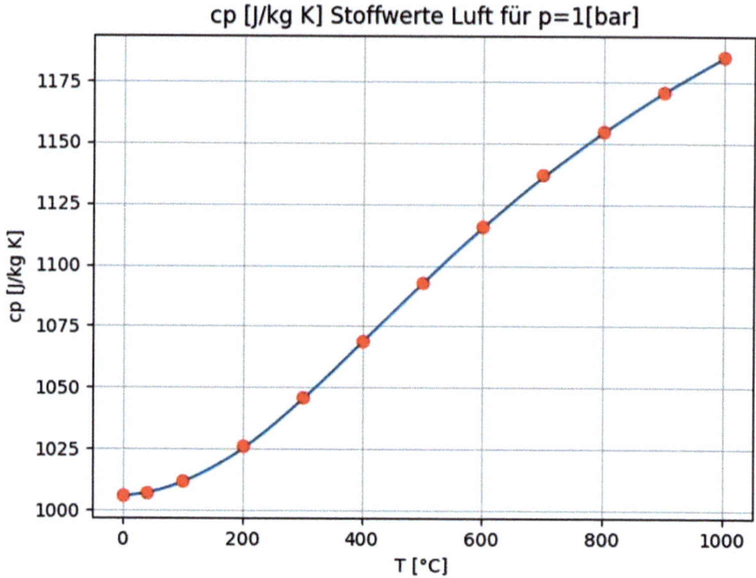

**Abb. 3.6**  Spez. Wärmekapazität der trockenen Luft bei konstantem Druck, Datenpunkte – VDI – Werte, Linie – CoolProp – Werte.

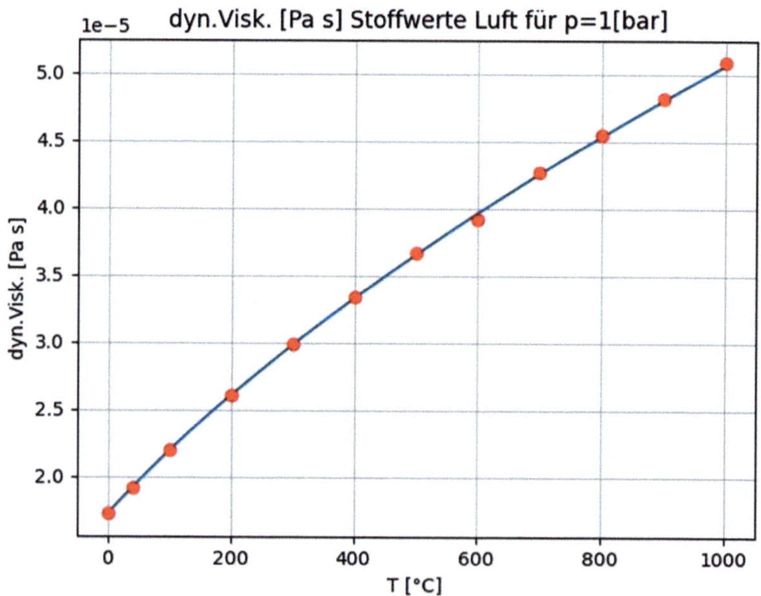

**Abb. 3.7**  Dynamische Viskosität der trockenen Luft, Datenpunkte – VDI – Werte, Linie – CoolProp – Werte

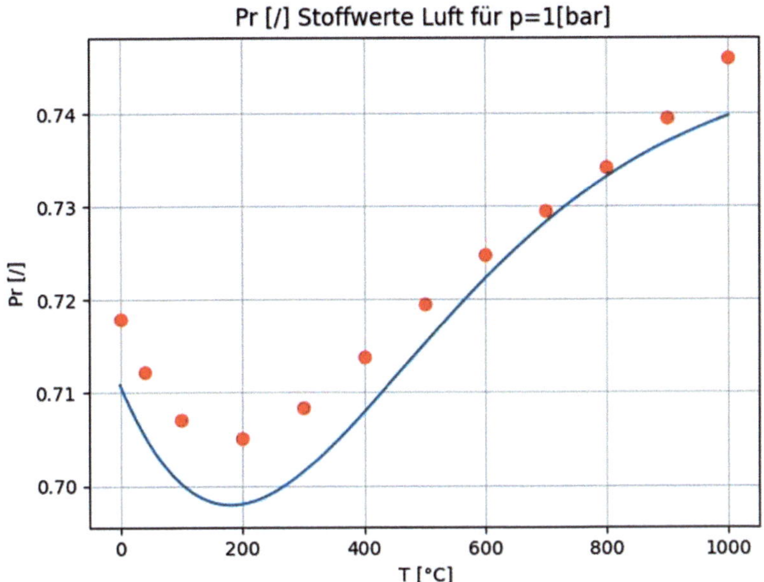


**Abb. 3.8** Prandtl Zahl der trockenen Luft, Datenpunkte – VDI – Werte, Linie – CoolProp – Werte

```
import CoolProp.CoolProp as CP
OutputName='D'
CP.PropsSI(OutputName,'T',373,'P',100000,'Water')
0.5899260066015433
```

die Dichte in $[kg/m^3]$, hier für Wasserdampf bei 100 [°C].

Wobei T in [K] und P in [Pa] anzugeben sind. Weitere für uns wichtige Output Größen sind:

| L | Wärmeleitfähigkeit $\lambda$[W/mK] |
|---|---|
| C | spez. Wärmekapazität p = konst. $c_p$ [J/kg K] |
| V | dynamische Viskosität $\eta$ [Pa s] |
| PRANDTL | Prandtl Zahl [/] |
| Q | Quality (Dampfziffer x = 0 bzw x = 1) |
| O | spez. Wärmekapazität bei konst. Volumen $c_v$ [J/kgK] |
| U | innere Energie u [J/kg] |
| H | Enthalpy h [J/kg] |
| S | Entropy s [J/kg] |

Mit der dynamischen Zähigkeit und der Dichte kann dann auch die kinematische Zähigkeit errechnet werden, die man für die Berechnung der Reynoldszahl benötigt.

Vor allem für die Kreisprozesse ist es wichtig, dass man nicht nur über die Eingabewerte P und T, sondern auch über die Kombinationen:

| T | D |
|---|---|
| P | D |
| T | Q |
| P | Q |
| H | P |
| S | P |
| S | H |

die gewünschten thermodynamischen Größen ermitteln kann.

Ein weiterer wichtiger Befehl, hier verwendet für die Ermittlung der Molmasse, ist:

```python
import CoolProp.CoolProp as CP
OutputName='molemass'
CP.PropsSI('Air',OutputName)
0.02896546
```

Also die Molmasse von trockener Luft 28.96546 [kg/kmol].

Die weiteren für uns relevanten Output-Namen sind:

| Tcrit | Kritische Temperatur |
|---|---|
| Pcrit | Kritischer Druck |
| Rhocrit | Kritische Dichte |
| Ttriple | Triple-Punkt-Temperatur |
| Tmin | Minimale Temperatur |
| Ptrible | Triple-Punkt-Druck |
| GWP100 | Treibhauspotenzial 100 Jahre (z. B. $CO_2 \rightarrow 1$) |
| ODP | Ozone Schädigungs Potential |

Für weiter Details siehe auch.

http://www.coolprop.org/v4/apidoc/CoolProp.html

Listing 3.5 Python Code, Cool Prop, NH3 – Kälteprozess

```python
import CoolProp.CoolProp as CP
import numpy as np
import matplotlib.pyplot as plt

Fluid = 'Ammonia'
# -------------------------------
p_1 = 2.37   # [bar]
p_2 = 10     # [bar]
# -------------------------------
p1 = p_1 * 10**5
p2 = p_2 * 10**5
p3 = p4 = p2
p5 = p1
# Ideal Prozess - s1 = s2 [J/kgK]
s_1 = CP.PropsSI('S', 'P', p1, 'Q', 1, Fluid)
T2 = CP.PropsSI('T', 'P', p2, 'S', s_1, Fluid)
T0 = 273.15   # [K] = 0 [°C]
print('T2', T2-T0, '°C')
# Berechnung der Temperaturen
T1 = CP.PropsSI('T', 'P', p1, 'Q', 1, Fluid)
print('T1', round(T1-T0), '°C')
T3 = CP.PropsSI('T', 'P', p2, 'Q', 1, Fluid)
print('T3', round(T3-T0), '[°C]')
T4 = T3
T5 = T1
# Berechnung zu- u. abgeführte Wärme
h2 = CP.PropsSI('H', 'T', T2, 'P', p2, Fluid)
h4 = CP.PropsSI('H', 'P', p4, 'Q', 0, Fluid)
q_ab = h2-h4   # [J/kg]
print('q_ab', int(q_ab/1000), '[kJ/kg]')
h1 = CP.PropsSI('H', 'P', p1, 'Q', 1, Fluid)
h5 = h4   # ideale Drossel
q_zu = h1-h5
print('q_zu', int(q_zu/1000), '[kJ/kg]')
# Berechnung der Verdichterarbeit ideal Prozess
w_p = h2-h1   # [J/kg]
print('w_p', int(w_p/1000), '[kJ/kg]')
# Berechnung der Leistungsziffern bzw. COP's
COP_KM = q_zu/w_p
print('COP_KM', round(COP_KM, 2), '[/]')
COP_WP = q_ab/w_p
print('COP_WP', round(COP_WP, 2), '[/]')
```

Ergebnisse für den idealen Kälteprozess mit NH$_3$:

```
T2 86 °C
T1 -15 °C
T3 25 [°C]
q_ab 1331 [kJ/kg]
q_zu 1127 [kJ/kg]
w_p 204 [kJ/kg]
COP_KM 5.51 [/]
COP_WP 6.51 [/]
```

$T_2$ ist die Temperatur nach dem Kolbenverdichter, $T_1$ die Temperatur des Kältemittels im Verdampfer und $T_3$ die Temperatur im Nassdampfbereich des Kondensators.

Die spezifische Wärme, die das Kältemittel im Verdampfer aufnimmt, q_zu und q_ab, ist die im Kondensator an die Umgebung abgegebene spezifische Wärme. Die spezifische Verdichterarbeit entspricht dem Wert von w_p.

Die Leistungsziffer der Kältemaschine ist das Verhältnis von Nutzen zu Aufwand, der COP_KM Wert. Wenn man als Nutzen die an die Umgebung abgegebenen spez. Wärme nimmt, hätte man eine Wärmepumpe mit der Leistungsziffer COP_WP.

Wenn wir das Programm-Listing 3.5 um die Programmzeilen 45 bis 78 erweitern, können wir das exakte T-s-Diagramm unseres Kälteprozesses errechnen.

Es gilt:

Listing 3.6 Python Code, NH3 Kälteprozess, T-s-Diagramm (Abb. 3.9)

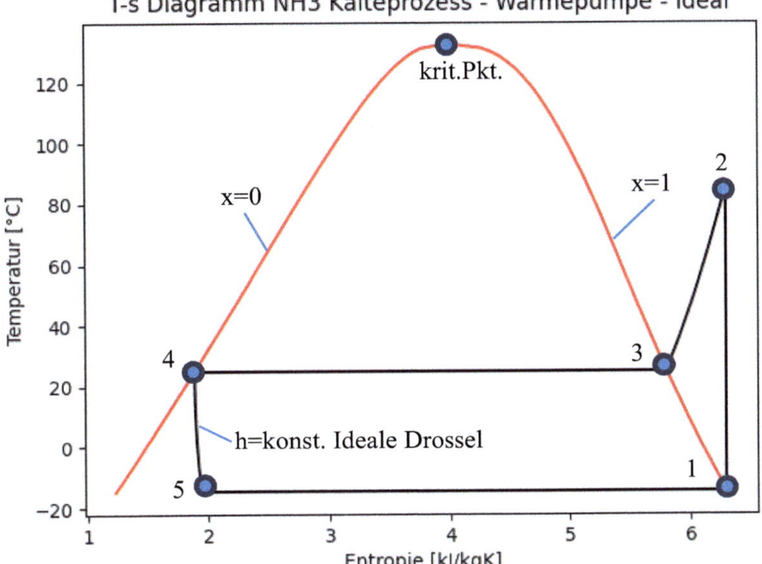



**Abb. 3.9** T-s-Diagramm, Kälteprozess (um Erklärungen ergänzt)

```python
44    ## ------------------------------------------##
45    s1 = CP.PropsSI('S', 'T', T1, 'Q', 1, Fluid)/1000
46    s2 = CP.PropsSI('S', 'T', T2, 'P', p2, Fluid)/1000
47    T_krit = CP.PropsSI(Fluid, 'Tcrit')
48    T_N = np.linspace(T4, T5, 101)
49    h_0 = CP.PropsSI('H', 'T', T_N, 'Q', 0, Fluid)
50    h_1 = CP.PropsSI('H', 'T', T_N, 'Q', 1, Fluid)
51    x_N = (h4 - h_0)/(h_1 - h_0)
52    sN_0 = CP.PropsSI('S', 'T', T_N, 'Q', 0, Fluid)
53    sN_1 = CP.PropsSI('S', 'T', T_N, 'Q', 1, Fluid)
54    sN = sN_0 + x_N*(sN_1 - sN_0)
55    T = np.linspace(T1, T_krit, 101)
56    s_0 = CP.PropsSI('S', 'T', T, 'Q', 0, Fluid)/1000
57    s_1 = CP.PropsSI('S', 'T', T, 'Q', 1, Fluid)/1000
58    plt.figure()
59    plt.title('T-s Diagramm NH3 Kälteprozess - Wärmepumpe - ideal')
60    plt.ylabel('Temperatur [°C]')
61    plt.xlabel('Entropie [kJ/kgK]')
62    plt.plot(s_0, T-T0, 'red')
63    plt.plot(s_1, T-T0, 'red')
64    plt.plot(sN/1000, T_N-T0, 'black')
65    plt.plot([s1, s2], [T1-T0, T2-T0], 'black')
66    s5_0 = CP.PropsSI('S', 'T', T5, 'Q', 0, Fluid)/1000
67    h5_0 = CP.PropsSI('H', 'T', T5, 'Q', 0, Fluid)
68    x5 = (h5 - h5_0)/(h1 - h5_0)
69    s5 = s5_0 + x5*(s1 - s5_0)
70    plt.plot([s5, s1], [T5-T0, T1-T0], 'black')
71    s3 = CP.PropsSI('S', 'T', T3, 'Q', 1, Fluid)/1000
72    s4 = CP.PropsSI('S', 'T', T4, 'Q', 0, Fluid)/1000
73    plt.plot([s4, s3], [T4-T0, T3-T0], 'black')
74    T_H = np.linspace(T3, T2, 101)
75    s_H = CP.PropsSI('S', 'T', T_H, 'P', p2, Fluid)
76    plt.plot(s_H/1000, T_H-T0, 'black')
77    plt.grid()
78    plt.show()
79
```

Für die in der Praxis übliche Darstellung unseres Kälteprozesses in einem log p – h – Diagramm benötigen wir folgenden Python-Code ab Zeile 44:

Listing 3.7 Python Code, NH3 Kälteprozess, log p – h – Diagramm

```
44    ## ----------------------------------------##
45    s2 = CP.PropsSI('S', 'T', T2, 'P', p2, Fluid)
46    p_krit = CP.PropsSI(Fluid, 'pcrit')
47    p = np.linspace(10000, p_krit, 101)
48    p_D = np.linspace(p1, p2, 101)
49    h_D = CP.PropsSI('H', 'P', p_D, 'S', s2, Fluid)
50    h_0 = CP.PropsSI('H', 'P', p, 'Q', 0, Fluid)
51    h_1 = CP.PropsSI('H', 'P', p, 'Q', 1, Fluid)
52    plt.figure()
53    plt.semilogy()
54    plt.title('log p-h Diagramm NH3 Kälteprozess - Wärmepumpe - ideal')
55    plt.ylabel('Druck [bar]')
56    plt.xlabel('Enthalpie [kJ/kg]')
57    plt.plot(h_0/1000, p/100000, 'red')
58    plt.plot(h_1/1000, p/100000, 'red')
59    plt.plot(h_D/1000, p_D/100000, 'black')
60    plt.plot([h4/1000, h2/1000], [p_2, p_2], 'black')
61    plt.plot([h4/1000, h4/1000], [p_1, p_2], 'black')
62    plt.plot([h4/1000, h1/1000], [p_1, p_1], 'black')
63    # plt.grid()
64    plt.show()
65
```

Mit plt.semilogy() wird ein Diagramm mit der log – Skalierung
der y – Achse erzeugt (Abb. 3.10).

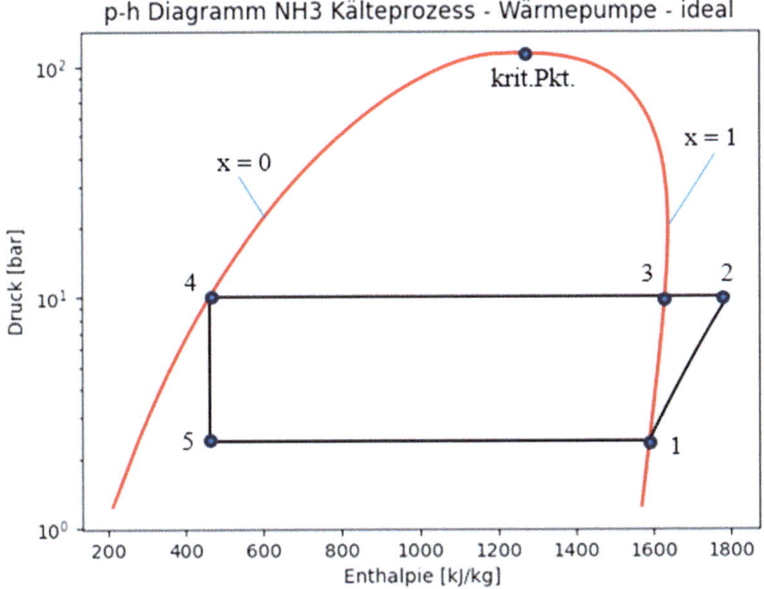


**Abb. 3.10**  log p – h – Diagramm, $NH_3$ – Kälteprozess (um Erklärungen ergänzt)

### 3.4.3  Feuchte Luft mit CoolProp

| CoolProp | Variable | Einheit | Bezeichnung |
| --- | --- | --- | --- |
| R | $\phi$ | [%/100] | relative Feuchte |
| W | x | [kg Wasser/kg tr.Luft] | absolute Feuchte |
| H | h | [J/kg tr. Luft] | Enthalpie |
| T | T | [K] | Lufttemperatur |
| P | p | [Pa] | Luftdruck |
| V | v | [m$^3$/kg tr. Luft] | spez. Volumen |
| S | s | [J/kg tr. Luft K] | Entropie |
| C | $c_\mathrm{p}$ | [J/kg K] | spez. Wärmekapazität |
| M | $\eta$ | [Pa s] | dyn. Viskosität |
| K | $\lambda$ | [W/m K] | Wärmeleitfähigkeit |
| B | $T_\mathrm{F}$ | [K] | Feucht (Kugel) Temperatur |
| D | $\tau$ | [K] | Taupunkt Temperatur |

Wir wollen als erstes die absolute Feuchte x für eine Lufttemperatur von 25 [°C], einen
Luftdruck von 1 [bar] und einer relativen Feuchte von 50 [%] bestimmen. Und dann bei
demselben Zustand der feuchten Luft die Enthalpie bestimmen.

```
>>> import CoolProp.CoolProp as CP
>>> CP.HAPropsSI('W','T',298.15,'P',100000,'R',0.5)
    0.010058990436726294
>>> CP.HAPropsSI('H','T',298.15,'P',100000,'R',0.5)
    50765.925442428335
```

Da langfristig die nicht eingedämmte menschengemachte globale Erwärmung zu steigenden Feuchtkugeltemperaturen führen wird und sogar in einigen Teilen der Erde die
Überlebensfähigkeit von Menschen nicht mehr gegeben sein könnte, ist die Berechnung
dieser Temperatur $T_\mathrm{F}$ von leider zunehmendem Interesse.

```
>>> import CoolProp.CoolProp as CP
>>> CP.HAPropsSI('B','T',319.15,'P',101325,'R',0.5)
    308.4964725327734
>>> 308.5-273.15
    35.35000000000002
```

Bei einer Lufttemperatur von 46 [°C] und einer relativen Feuchte von 50 % erreichen wir
bereits die Kühlgrenztemperatur von 35 [°C],
     wie aus dem obigen Python Code ersichtlich ist.

Ein ruhender Mensch erzeugt durch seinen Stoffwechsel einen Wärmestrom von ca. 100 [W]. Um die Körperkerntemperatur bei rund 37 [°C] halten zu können, muss die Hauttemperatur bei 35 [°C] oder darunter gehalten werden. Ein gesunder Mensch sollte, im Schatten ruhend Kühlgrenztemperaturen von rund 35 [°C] für die Dauer von sechs Stunden überleben können.

Listing 3.8 Python Code, CoolProp, Kühlgrenztemperatur

```python
1   import CoolProp.CoolProp as CP
2   import matplotlib.pyplot as plt
3   # ------------------------------------------
4   T_C = 35   # [°C]
5   T0 = 273.15
6   T = T_C + T0
7   p = 100000   # [Pa] == 1 [bar]
8   # ------------------------------------------
9   plt.figure()
10  plt.title('Kühlgrenztemperatur 35 [°C]')
11  plt.xlabel('rel. Luftfeuchte phi[%]')
12  plt.ylabel('Lufttemperatur T_L [°C]')
13  # ------------------------------------------
14  for i in range(0, 99):
15      plt.plot(i/100, CP.HAPropsSI('T', 'B', T, 'P', p,
16                                   'R', i/100)-T0, 'ro')
17  # ------------------------------------------
18  plt.grid()
19  plt.show()
20
```

Mit unserem kleinen Musterprogramm können wir den Zusammenhang zwischen der Lufttemperatur in [°C] und der relativen Luftfeuchte $\varphi$ [%/100] in einem Diagramm für die kritische Kühlgrenztemperatur von 35 [°C] darstellen (Abb. 3.11).

Zusätzlich hängt die Kühlgrenztemperatur im Freien noch von der Windgeschwindigkeit und der Sonneneinstrahlung auf eine Person ab.


### 3.4.4  Stoffwerte mit PyroMat

PyroMat ist ein Free Software Python Thermodynamik Tool für ca. 1000 Substanzen. http://pyromat.org

Es wurde von Christopher R. Martin erstellt. (Co-Autor Joe Ranalli) Es berechnet die Thermodynamischen Stoffwerte (cp, cv, $\rho$, v, u, h, s, R, M und $\kappa$) für ideale Gase, ideale Gasmischungen, reine Stoffe und Flüssig/Dampf-Systeme.

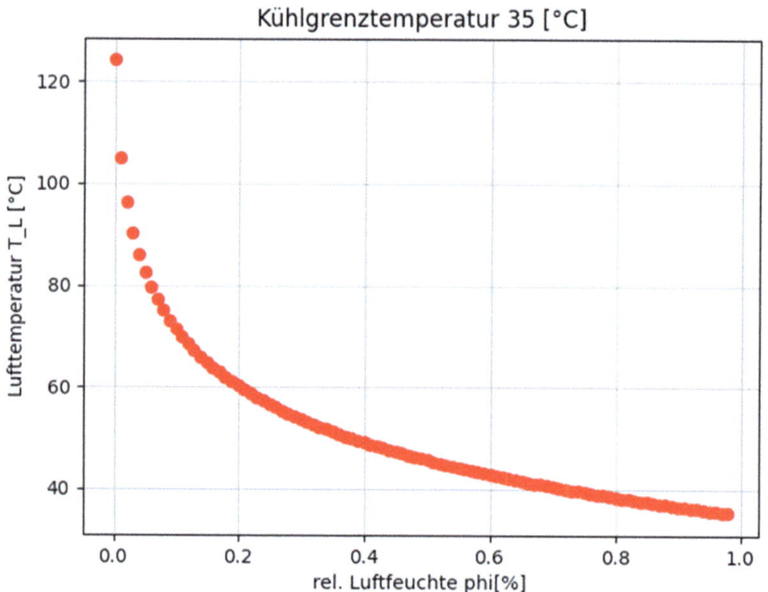


**Abb. 3.11**  Abhängigkeit der Kühlgrenztemperatur f ( $T_{Luft}$ u. $\phi_{Luft}$)

| Variable | PyroMat | Einheit | Bezeichnung |
| --- | --- | --- | --- |
| T | T | [K] | Temperatur |
| p | P | [bar] | Druck |
| $\rho$ | d | [kg/m$^3$] | Dichte |
| x | x | [/] | Dampfziffer |
| R | R | [kJ/kgK] | Gaskonstante |
| M | mw | [kg/kmol] | Molmasse |
| u | e | [kJ/kg] | Innere Energie |
| h | h | [kJ/kg] | Enthalpie |
| s | s | [kJ/kgK] | Entropie |
| $c_p$ | cp | [kJ/kgK] | spez. Wärmekap. p = konst |
| $c_v$ | cv | [kJ/kgK] | spez. Wärmekap. v = konst |
| $\kappa$ | Gam | [/] | Isentropen Exponent |

Mit der Befehlsfolge → pip install pyromat in der Eingabeaufforderung wird PyroMat aus dem Internet geladen und installiert.

Die Pythonbefehle:

```
import pyromat as pm
pm.info()
```

in der Python IDLE Shell liefert eine lange Liste aller verfügbaren Substanzen.
  Will man nur die ‚multi-phase collection' geht dies über die Befehlsfolge:

```
import pyromat as pm
pm.info(collection='mp')
```

und man erhält:

```
  PYroMat
Thermodynamic computational tools for Python
version: 2.2.4
----------------------------------------------------------------------
  ID            : class : name         : properties
----------------------------------------------------------------------
  mp.C2H2F4     :  mp1  : R-134a        : T p d v cp cv gam e h s mw R
  mp.C3H2F4_1   :  mp1  : R-1234ze(E)   : T p d v cp cv gam e h s mw R
  mp.CH4        :  mp1  : Methane       : T p d v cp cv gam e h s mw R
  mp.CO2        :  mp1  : Carbon dioxide : T p d v cp cv gam e h s mw R
  mp.H2O        :  mp1  : Water         : T p d v cp cv gam e h s mw R
  mp.N2         :  mp1  : Nitrogen      : T p d v cp cv gam e h s mw R
  mp.O2         :  mp1  : Oxygen        : T p d v cp cv gam e h s mw R
```

bzw. mit

```
import pyromat as pm
pm.info(name='O2',collection='ig')
```

eine ebenfalls lange Liste der ‚ideal gas collection' mit Gasen, die $O_2$ enthalten. Für weitere Details zu PYroMat kann man unter:
  https://chmarti1.github.io/PYroMat/doc_api.html#ig_igmix
  Die Dokumentation zur PYroMat API downloaden.
  Wir wollen mit PYroMat zwei wichtige ideale Kreisprozesse der Thermodynamik berechnen und maßstäblich darstellen.
  Als erstes den Clausius-Rankine-Prozess, der ja nicht nur in fossilen Dampfkraftwerken zum Einsatz kommt, sondern auch in Atomkraftwerken, Biomassekraftwerken, Solaren Hochtemperatur-Kraftwerken, Geothermie-Kraftwerken und in Kombination mit dem zweiten von uns betrachteten Kreisprozess, dem Joule-Prozess in GuD-Kraftwerken.
  Wir betrachten einen überkritischen Clausius-Rankine-Prozess, also eine Energiezufuhr außerhalb des Nassdampfgebietes und ohne Zwischenüberhitzung. Die Frischdampfwerte sind mit einem Druck von 350 [bar] und einer Temperatur von 700 [°C] sehr hoch angesetzt. Als Vereinfachung wurde die Austrittstemperatur aus dem Kondensator $T_1$ (siedendes Wasser) bei $p_1 = 0.026$ [bar] gleich der Austrittstemperatur nach der Druckerhöhung in der Speisewasserpumpe gesetzt (Abb. 3.12).

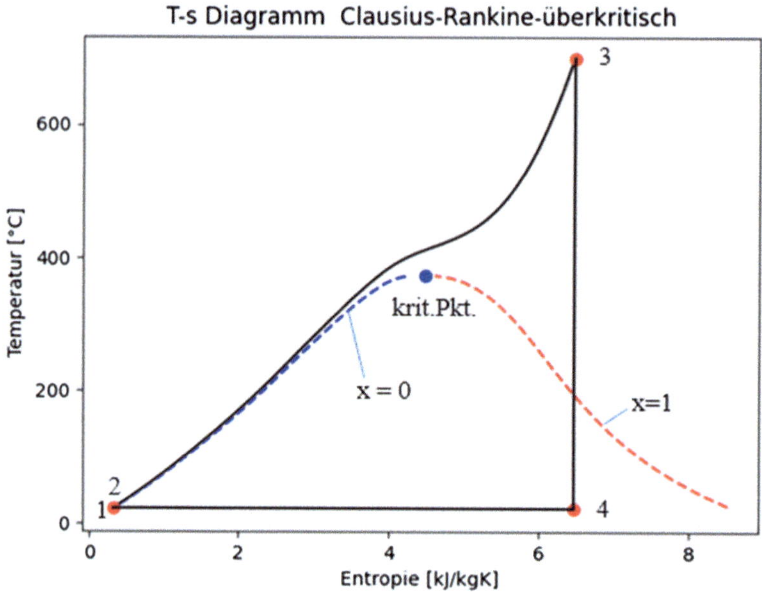


**Abb. 3.12**  Idealer überkritischer Clausius-Rankine-Prozess

$1 - 2 \rightarrow$   isentrope Druckerhöhung in der Speisewasserpumpe $p_{FD}$>pkrit.

$2 - 3 \rightarrow$   isobare Wärmezufuhr.

$3 - 4 \rightarrow$   isentrope Zustandsänderung in der Dampfturbine

$4 - 1 \rightarrow$   Wärmeabfuhr im Kondensator, isobare und isotherme Zustandsänderung im
            Nassdampfgebiet.

```
[0.00100222] m³/kg]
[126.16864772] kJ/kg
[0.73929368] Dampfziffer x4
[21.71763014] [21.71763014] 700.0 [21.71763014]
    stage  p [bar]  ...              h [kJ/kg]                s [kJ/kgK]
0       1    0.026  ...    [91.09367569422749]    [0.32093079469676633]
1       2  350.000  ...    [126.16864771859164]   [0.32093079469676633]
2       3  350.000  ...    [3711.59233202762]     [6.462301672272556]
3       4    0.026  ...    [1901.9837326000325]   [6.462301672272556]

PM WARN: _ar():: b<2 in the ar2 term. This causes singularities in second
PM WARN: derivatives very close to the critical point.
 [0.49492997] Wirkungsgrad
 373.946 [°C] 220.64000000000001 [bar]
```

Listing 3.9 Python Code, PyroMat, CR-Prozess überkritisch

```python
import pyromat as pm
import numpy as np
import matplotlib.pyplot as plt
from pandas import *

p1 = 0.026   # [bar]
p3 = 350   # [bar]
p2 = p3
T3 = 700 + 273.15   # [K]
T3_C = T3 - 273.15
water = pm.get('mp.H2O')
T1 = water.Ts(p1)   # [K]
T2 = T1
T1_C = T1 - 273.15   # [°C]
T2_C = T1_C

T = np.linspace(300, 646.5, 101)
T_ = np.linspace(T1, T3, 101)
# T = mp_water.Ts(p=p)
s = water.ss(T)
s_ = water.s(T_, p3)
x = 0   # siedendes Wasser
h1 = water.hs(T1)[x]
s1 = water.ss(T1)[x]
s2 = s1
# print (T1_C,'°C',p1,'bar',h1,'kJ/kg',s1,'kJ/kgK')

v1 = 1/water.ds(T1)[x]
print(v1, 'm³/kg]')

w_P = v1*(p3 - p1)*100   # [kJ/kg]
h2 = h1+w_P

print(h2, 'kJ/kg')

h3 = water.h(T3, p3)
s3 = water.s(T3, p3)

# print(T3-273.15,'[°C]',p3,'[bar]',h3,'[kJ/kg]',s3,'[kJ/kgK]')

x = 1   # Sattdampf
h_4 = water.hs(T1)[x]
s_4 = water.ss(T1)[x]

# print (T1_C,'°C',p1,'bar',h_4,'kJ/kg',s_4,'kJ/kgK')
```

```python
46
47    x = (s3-s1)/(s_4-s1)
48
49    print(x, 'Dampfziffer x4')
50
51    h4 = h1 + x*(h_4 - h1)
52    s4 = s1 + x*(s_4 - s1)
53    T4 = T1
54    T4_C = T1_C
55    p4 = p1
56    print(T1_C, T2_C, T3_C, T4_C)
57    p_L = [p1, p2, p3, p4]
58    T_L = [T1_C, T2_C, T3_C, T4_C]
59    h_L = [h1, h2, h3, h4]
60    s_L = [s1, s2, s3, s4]
61    stage = list(range(1, 5))
62    data = {'stage': stage, 'p [bar]': p_L,
63            'T [°C]': T_L, 'h [kJ/kg]': h_L, 's [kJ/kgK]': s_L}
64    df = DataFrame(data)
65    print(df)
66
67
68    eta = ((h3 - h4) - w_P)/(h3 - h2)
69
70    print(eta, 'Wirkungsgrad')
71
72    T_krit, p_krit = water.critical()
73    print(T_krit - 273.15, '[°C]', p_krit, '[bar]')
74    s_krit = water.s(T_krit, p_krit)
75
76    Ty = np.linspace(T4, T3, 101)
77    s__ = np.linspace(s3, s3, 101)
78    sx = np.linspace(s1, s3, 101)
79    T_  = np.linspace(T1, T1, 101)
80    font = {'family': 'Times New Roman', 'size': 22}
81
82    plt.figure()
83    plt.title('T-s Diagramm  Clausius-Rankine-überkritisch')
84    plt.rc('font', **font)
85    plt.plot(s[0], T - 273.15, 'b--')
86    plt.plot(s[1], T - 273.15, 'r--')
87    plt.plot(s_, T_ - 273.15, 'black')
88    plt.ylabel('Temperatur [°C]')
89    plt.xlabel('Entropie [kJ/kgK]')
90    plt.plot(s_krit, T_krit - 273.15, 'ob')
91    plt.plot(s3, T3 - 273.15, 'or')
92    plt.plot(s4, T4 - 273.15, 'or')
93    plt.plot(s1, T1 - 273.15, 'or')
94    plt.plot(s__, Ty - 273.15, 'black')
95    plt.plot(sx, T_ - 273.15, 'black')
96    plt.show()
97
```

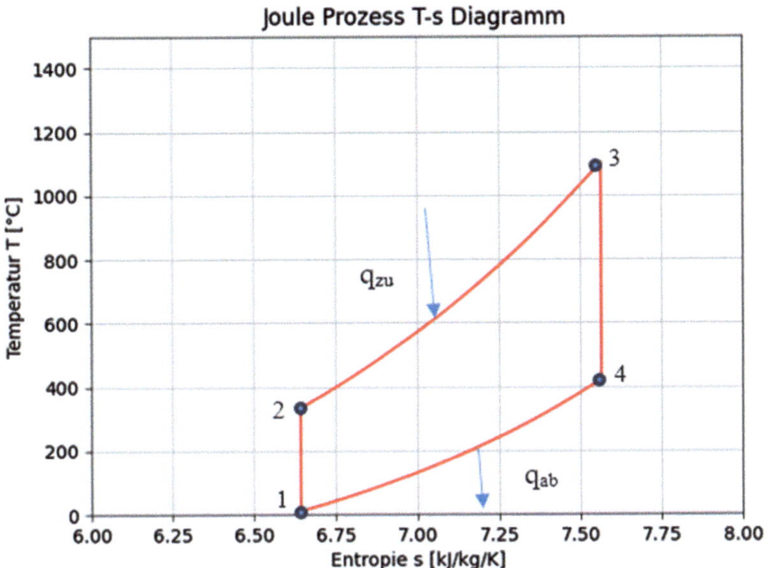


**Abb. 3.13**  Idealer Joule Prozess

Für eine offene Gasturbinenanlage, hier als idealer Joule-Prozess für Luft berechnet, ergibt sich folgendes T-s-Diagramm (Abb. 3.13):

Für eine Temperatur $T_1 = 20$ [°C] und einen Druck $p_1 = 1{,}013$ [bar].

mit einem Druckverhältnis von 15 für den Verdichter und einer Eintrittstemperatur von 1100 [°C] in die Gasturbine ergibt sich eine Wirkungsgrad des ideal Prozesses von:

```
[0.51425623] Wirkungsgrad
```

$1 - 2 \rightarrow$   isentrope Verdichtung im Verdichter.

$2 - 3 \rightarrow$   isobare Wärmezufuhr in der Brennkammer.

$3 - 4 \rightarrow$   isentrope Expansion in der Gasturbine.

$4 - 1 \rightarrow$   isobare Wärmeabfuhr.

Diese abgeführte Wärme wird bei einem GuD – Kraftwerk genutzt. Sie wird über den Abhitzekessel der Dampfturbine zugeführt. Die Abwärme des Clausius-Rankine-Prozesses könnte dann noch durch Kraft-Wärmekopplung in einem Fernwärmenetz genutzt werden.

Listing 3.10 Python Code, PYroMat, Joule-Prozess

```python
import pyromat as pm
import numpy as np
import matplotlib.pyplot as plt

Luft = pm.get('ig.air')

# P_nutz = 1000.  # [kW]

p1 = 1.013  # [bar] auf Meereshöhe
T1 = 283.   # [K]

beta = 15.   # Druckverhältnis

s1 = Luft.s(T1, p1)    # [kJ/kgK]
p2 = p1 * beta
T2 = Luft.T_s(s1, p2)

wv = Luft.h(T2, p2) - Luft.h(T1, p1)   # [kJ/kg]

T3 = 1373.
p3 = p2

qzu = Luft.h(T3, p3) - Luft.h(T2, p2)   # [kJ/kg]

s3 = Luft.s(T3, p3)
s4 = s3
p4 = p1
T4 = Luft.T_s(s4, p4)

wt = Luft.h(T3, p3) - Luft.h(T4, p4)   # [kJ/kg]

wn = wt - wv

# m = P_Nutz/wn       #  [kg/s]

eta_joule = wn / qzu
print(eta_joule, 'Wirkungsgrad')
```

```python
38
39   plt.figure()
40   s_ = np.linspace(s1, s1, 20)
41   T_ = np.linspace(T1, T2, 20)
42   plt.plot(s_, T_ - 273.15, 'r', linewidth=1.5)
43   T = np.linspace(T2, T3, 20)
44   plt.plot(Luft.s(T, p2), T - 273.15, 'r', linewidth=1.5)
45   s__ = np.linspace(s3, s3, 20)
46   T__ = np.linspace(T3, T4, 20)
47   plt.plot(s__, T__ - 273.15, 'r', linewidth=1.5)
48   T = np.linspace(T1, T4, 20)
49   plt.plot(Luft.s(T, p1), T - 273.15, 'r', linewidth=1.5)
50   ax = plt.gca()
51   ax.set_xlim([6.0, 8.0])
52   ax.set_ylim([0, 1500])
53   plt.xlabel('Entropie s [kJ/kg/K]')
54   plt.ylabel('Temperatur T [°C]')
55   plt.grid('on')
56   plt.title('Joule Prozess T-s Diagramm')
57   plt.show()
58
```

## 3.5    Wärmeübertragung mit ht

hT – Heat Transfer component of the Chemical Engineering

Die Design Library (ChEDL) ist eine Open-Source-Software, die von Caleb A. Bell erstellt wurde und hauptsächlich der Berechnung von Wärmetauschern dient. Wir werden nur die grundlegenden Funktionen von ht verwenden.

Wir müssen wieder über →Eingabeaufforderung →pip install ht die Software installieren.

Als erstes verwenden wir die Stoffdatenbank von ht, die für die verschiedensten Stoffe die Zahlenwerte für die Wärmeleitfähigkeit, die Dichte und die Wärmekapazität liefert. Wir können dies gleich in der Python IDLE testen.

```python
from ht import *
nearest_material('steel')
'Metals, steel'
k_material('steel')
50.0
rho_material('steel')
7800.0
Cp_material('steel')
450.0
```

Wir erhalten also $\lambda$_Stahl $= 50$ [W/m²K], $\rho$_Stahl $= 7800$ [kg/m³] und cp_Stahl $= 450$ [J/kgK]. Das sind die Werte für einen niedriglegierten Stahl. Die genauen Werte sind von der jeweiligen Stahlsorte und Einsatztemperatur abhängig.

Bei den Wärmetauscher-Funktionen wollen wir als erstes die Funtion LMTD(), also ‚log-mean temperature difference' die Berechnung der mittleren logarithmischen Temperaturdifferenz verwenden. Bekannterweise gilt diese sowohl für den Gegenstrom- als auch für den Gleichstrom-Wärmetauscher. Nur die Berechnung von $\Delta T$_Gr und $\Delta T$_Kl ist unterschiedlich. In der Python-Funktion von ht müssen wir zur Unterscheidung für den Gleichstrom-WT $\rightarrow$ counterflow $=$ False als Parameter in LMTD anhängen.

Als Beispiel wollen wir einen Gas/Wasser – Vorwärmer heranziehen. Die Wärmedurchgangszahl wollen wir als bekannt voraussetzen. Für Erfahrungswerte der Wärmedurchgangszahlen der verschiedenen Wärmetauscher-Typen siehe VDI-Wärmeatlas.

Listing 3.11 Python Code, ht, Gleichstrom- Gegenstrom-WT

```python
from ht import *

T_hi = 450   # [°C] Eintrittstemp. heißes Fluid
T_ho = 150   # [°C] Austrittstemp. heißes Fluid
T_ci = 40   # [°C] Eintrittstemp. kaltes Fluid
T_co = 120   # [°C] Austrittstemp. kaltes Fluid

# Gegenstrom-WT  mittlere logarithmische Temp.diff.
del_Tm_GG = LMTD(T_hi,T_ho,T_ci,T_co)
print('del_Tm_GG =', round(del_Tm_GG, 1), '[°C,K]')

# Gleichstrom-WT mittlere log. Temp.diff.
del_Tm_GL = LMTD(T_hi,T_ho,T_ci,T_co,counterflow=False)
print('del_Tm_GL =', round(del_Tm_GL, 1), '[°C,K]')

A_WT = 1   # [m²] Wärmetauscher-Fläche
k_WT = 10   # [W/m²K] Wärmedurchgangszahl des WT

Q_GG = k_WT * A_WT * del_Tm_GG
print('Q_GG =', int(Q_GG), '[W]')   # Wärmestrom GG-WT

Q_GL = k_WT * A_WT * del_Tm_GL
print('Q_GL =', int(Q_GL), '[W]')   # Wärmestrom GL-WT
```

Der Gegenstrom-Wärmetauscher überträgt, wie erwartet.

einen maximalen Wärmestrom. Der Gegenstrom-WT einen minimalen Wärmestrom und wenn wir einen Kreuzstrom-WT hätten, würde er zwischen diesen beiden Extremen liegen.

```
del_Tm_GG = 200.3 [°C,K]
del_Tm_GL = 145.3 [°C,K]
Q_GG = 2002 [W]
Q_GL = 1453 [W]
```

Als nächstes wollen wir uns die ht-Funktionen für die NTU-Methode genauer ansehen.

Als erstes die klassische Anwendung der NTU-Methode. Gegeben sind die Eintrittstemperaturen der beiden Fluide, nicht aber ihre Austrittstemperaturen. Mit der LMTD – Methode wäre eine Iterationsschleife notwendig. Mit der NTU-Methode ist dies bei Kenntnis der Wärmedurchgangszahl und der Fläche des Wärmetauschers nicht notwendig.

Listing 3.12 Python Code, ht, NTU – Methode, Gegenstrom WT

```python
from ht import *
from pprint import pprint

# Fluid 1 - Heiß
m_1 = 5.2        # [kg/s]
cp_1 = 1860.0    # [J/kgK]
T_1i = 130.0     # [°C]
# Fluid 2 - Kalt
m_2 = 1.45       # [kg/s]
cp_2 = 1900.0    # [J/kgK]
T_2i = 15.0      # [°C]
# Wärmetauscher
kA = 3041.75     # [W/K]
Typ = 'counterflow'
# NTU - Methode
pprint(P_NTU_method(m1=m_1, m2=m_2, Cp1=cp_1, Cp2=cp_2,
            subtype=Typ, T2i=T_2i, T1i=T_1i, UA=kA))

```

```
{'C1': 9672.0,
 'C2': 2755.0,
 'NTU1': 0.3144902812241522,
 'NTU2': 1.104834845735028,
 'P1': 0.17861563512763573,
 'P2': 0.6270673041577106,
 'Q': 198670.59863976666,
 'R1': 3.510707803992740,
 'R2': 0.284842845326716,
 'T1i': 130.0,
 'T1o': 109.45920196032189,
 'T2i': 15.0,
 'T2o': 87.11273997813673,
 'UA': 3041.75}
```

C1, C2 sind die Wärmekapazitätsströme [W/K]
   (also m1*cp1 bzw. m2*cp2 [kg/s]*[J/kgK])
   NTU1, NTU2 sind die dimensionslosen Übertragungseinheiten [/]
   (also kA/C1 bzw. kA/C2 [W/m$^2$K]*[m$^2$]/[W/K])

P1, P2 sind die dimensionslosen Temperaturänderungen des jeweiligen Stoffstroms (P1 Wärme abgebende Seite, P2 Wärme aufnehmende Seite).

P1 = $\Delta$T1/$\Delta$Tmax bzw. P2 = $\Delta$T2/$\Delta$Tmax wobei.

$\Delta$Tmax = T1i-T2i.

R1, R2 sind die Verhältnisse der Wärmekapazitätsströme (R1 Wärme abgebende Seite = C1/C2 und R2 Wärme aufnehmende Seite = C2/C1). Damit folgt:

$$R2 = 1/R1 = P1/P2 = NTU1/NTU2$$

Weiters gilt Q_ideal = C_min*$\Delta$T_max und damit kann man den Wirkungsgrad für die Ausnutzung der maximalen Temperaturdifferenz $\varepsilon$ (die Effektivität des Wärmetauschers) berechnen. Es gilt:

$$\varepsilon = Q\_real/Q\_ideal$$

Für die Berechnung folgender Wärmetauschertypen ist die ht – Funktion P_NTU_method() geeignet:

```
'counterflow'
'parallel'
'crossflow'
'crossflow, mixed 1'
'crossflow, mixed 2'
'crossflow, mixed 1&2'
```

Weiters könnten noch Plattenwärmetauscher und Rohrbündelwärmetauscher (TEMA Typ E, G, H und J) berechnet werden. Für weitere Details siehe HT-API Reference:

https://ht.readthedocs.io/en/release/modules.html

Eine weitere Verwendung der Funktion P_NTU_method() ist die Berechnung von k*A [W/K] wenn die zwei Eintrittstemperaturen und eine Austrittstemperatur gegeben sind.

Listing 3.13, Python Code, ht, NTU – Methode, Gegenstrom-WT

```python
from ht import *
from pprint import pprint

# Fluid 1 - Heiß
m_1 = 5.2       # [kg/s]
cp_1 = 1860.0   # [J/kgK]
T_1i = 130.0    # [°C]
# Fluid 2 - Kalt
m_2 = 1.45      # [kg/s]
cp_2 = 1900.0   # [J/kgK]
T_2i = 15.0     # [°C]
T_2o = 84.9     # [°C]
# Wärmetauscher
Typ = 'counterflow'
# NTU - Methode
pprint(P_NTU_method(m1=m_1, m2=m_2, Cp1=cp_1, Cp2=cp_2,
          subtype=Typ, T1i=T_1i, T2i=T_2i, T2o=T_2o))

```

```
{'C1': 9672.0,
 'C2': 2755.0,
 'NTU1': 0.29710193639193455,
 'NTU2': 1.0430380866725195,
 'P1': 0.17313491207249976,
 'P2': 0.6078260869565218,
 'Q': 192574.50000000006,
 'R1': 3.5107078039927404,
 'R2': 0.2848428453267163,
 'T1i': 130.0,
 'T1o': 110.08948511166253,
 'T2i': 15.0,
 'T2o': 84.9,
 'UA': 2873.569928782791}
```

Damit ist die Austrittstemperatur des heißeren Fluids bestimmt und bei Kenntnis der Wärmedurchgangszahl kann aus dem Wert von U*A die Wärmetauscherfläche berechnet werden.

Als nächstes wollen mit der ht – Funktion Nu_conv_internal() die Nusseltzahl für eine Rohrströmung ausrechnen und in weiterer Folge die Wärmeübergangszahl an der Innenwand eines Rohres berechnen. Für die Bestimmung der Stoffwerte in Abhängigkeit von Druck und Temperatur verwenden wir den bereits bekannten Modul CoolProp.

Listing 3.14 Python Code, ht und CoolProp, Wärmeübertgangszahl

```python
from ht import *
import CoolProp.CoolProp as CP

p = 100000  # [Pa]  mittlerer Fluiddruck
T = 373.15  # [K] mittlere Fluidtemperatur
Fluid = 'Air'  # 'Water'  usw.
# ---------------------------------------------
Rho = CP.PropsSI('D', 'T', T, 'P', p, Fluid)
print('Dichte', round(Rho, 4), '[kg/m³]')
dynVisk = CP.PropsSI('V', 'T', T, 'P', p, Fluid)
print('dyn.Visk.', round(dynVisk, 9), '[Pa s]')
Lambda = CP.PropsSI('L', 'T', T, 'P', p, Fluid)
print('Wärmeleitzahl', round(Lambda, 5), '[W/mK]')
Pr = CP.PropsSI('PRANDTL', 'T', T, 'P', p, Fluid)
print('Prandtlzahl', round(Pr, 4), '[/]')
Nue = dynVisk/Rho
print('kin.Visk.', round(Nue, 9), '[m²/s]')
# ---------------------------------------------
w = 20  # [m/s]  mittlere Fluid Geschwindigkeit
d_i = 50  # [mm] Rohr - Innendurchmesser
# ---------------------------------------------
d_i = d_i / 1000  # [m]
Re = w * d_i / Nue
print('Reynoldszahl', int(Re), '[/]')

Nu = Nu_conv_internal(Re, Pr)
print('Nusseltzahl', int(Nu), '[/]')

alpha_konv = Lambda*Nu/d_i
print('Wärmeübergangzahl Rohr innen', int(alpha_konv), '[W/m²K]')
```

Mit der Berechnung der kinematischen Viskosität aus der dynamischen Viskosität und der Dichte der Luft können wir die Reynoldszahl ermitteln. Und erhalten dann aus der Definition der Nußeltzahl die Wärmeübergangzahl für die erzwungene Konvektion an der Innenseite des Rohres.

```
Dichte 0.9335 [kg/m³]
dyn.Visk. 2.1896e-05 [Pa s]
Wärmeleitzahl 0.03162 [W/mK]
Prandtlzahl 0.7003 [/]
kin.Visk. 2.3456e-05 [m²/s]
Reynoldszahl 42632 [/]
Nusseltzahl 93 [/]
Wärmeübergangzahl Rohr innen 59 [W/m²K]
```

Bei Wasser als Fluid hätten wir eine mittlere Geschwindigkeit um 1 [m/s]. Aber die Wärmeübergangszahl wäre um das Hundertfache größer.

## 3.6    Sonnenenergie mit pvlib

Pvlib ist ein Open Source Community – Projekt zur Modellierung von Solarenergie-systemen natürlich besonders gut geeignet für die Implementierung von Photovoltaik-systemen. Pvlib Python wurde 2014 von der PVlib MATLAB Toolbox portiert. Wir ver-wenden die Algorithmen für die Bestimmung der Sonnenposition und der Sonnenein-strahlung bei klarem Himmel. Installation mit → pip install pvlib.

Pvlib benötigt auch die Python Programmbibliothek pandas: ebenfalls eine freie Soft-ware und ein Community – Projekt begonnen, 2008 von McKinney. Pandas dient der Darstellung, Analyse und Verarbeitung von Daten. Installation mit → pip install pandas.

Wir ermitteln als erstes die Sonnenhöhe für die Sommer- bzw. Wintersonnenwende als Funktion der Tageszeit. Durch den Unterschied zwischen der Sommerzeit und der Normal-zeit im Winter liegt das Maximum der Sonnenhöhe einmal bei 13h und im Winter bei 12h.

Der Breitengrad und der Längengrad können mit der Internetseite https://latitude.to oder mit jedem GPS-Gerät für den aktuellen Standort bestimmt werden. Sie sind beide im Zahlenformat float anzugeben (Abb. 3.14).

Von der Programmbibliothek pandas benötigen wir den Befehl    pd.date_ran-ge(start,end,freq,tz).

Start und end jeweils im Format ‚Jahr/Monat/Tag'. Freq hier als Stunden ‚h' und tz die Zeitzone hier ‚Europe/Vienna'.

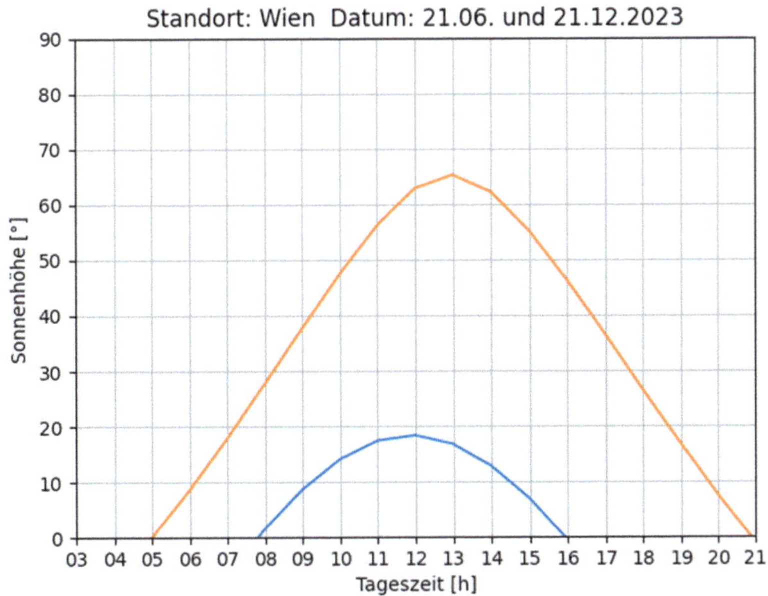


**Abb. 3.14**   Sonnenhöhe – Sommer – Wintersonnenwende

Für weitere Details siehe: http://pandas.pydata.org/

solarposition.get_solarposition(time, latitude, longitude) ist der Befehl der Python pvlib Bibliothek. Wobei time der bereits besprochene Pandas-Datetime Index ist.

latitude ist der Breitengrad im Python Zahlenformat float und longitude ist der Längengrad. Die Parameter altidude und pressure spielen hier keine Rolle. Als Return Dataframe erhalten wir mit der Extension [‚elevation'] die Sonnenhöhe.

Siehe auch http://pvlib-python.readthedocs.io/ für weiter Befehle.

Listing 3.15 Python Code, pvlib, Sonnenhöhe

```python
from pvlib import solarposition
import pandas as pd
import matplotlib.pyplot as plt

#tz='Etc/GMT-1'
tz='Europe/Vienna'
#tz='Europe/Berlin'
lat, lon = 48.21, 16.37 # Wien DD COORDINATES https://latitude.to
# lat, lon = 52.52, 13.41  # Berlin
# lat, lon = 48.30639,  14.28611   # Linz

times_1=pd.date_range('2023/12/20','2023/12/21',freq='h',tz=tz)
# Wintersonnenwende
# freq = h stündliche Frequenz, tz - Zeitzone

solpos_1 = solarposition.get_solarposition(times_1, lat, lon)
# Details siehe - PVLIB  API reference

times_2=pd.date_range('2022/06/20','2022/06/21',freq='h',tz=tz)
#Sommersonnenwende

solpos_2 = solarposition.get_solarposition(times_2, lat, lon)
time_lables=times_2.strftime("%H")

plt.figure()
plt.xlim(3,21)
plt.ylim(0,90)
plt.title(r"Standort: Wien  Datum: 21.06. und 21.12.2023")
plt.ylabel(r"Sonnenhöhe [°]")
plt.xlabel(r"Tageszeit [h]")
plt.plot(time_lables,  solpos_1['elevation'])
plt.plot(time_lables,  solpos_2['elevation'])
plt.grid('on')
plt.show()
```

Als nächstes ermitteln wir das Sonnenbahndiagramm, also den Verlauf der Sonnenhöhe über den Sonnenazimut. Wobei wir das Südazimutsystem verwenden. Unser Nullpunkt ist exakt im Süden.

Für das Return Dataframe benötigen wir die Extension [‚azimuth'] und wir müssen noch 180° subtrahieren damit unser Azimut – Nullpunkt passt (Abb. 3.15).

Listing 3.16 Python Code, pvlib, Sonnenbahndiagramm

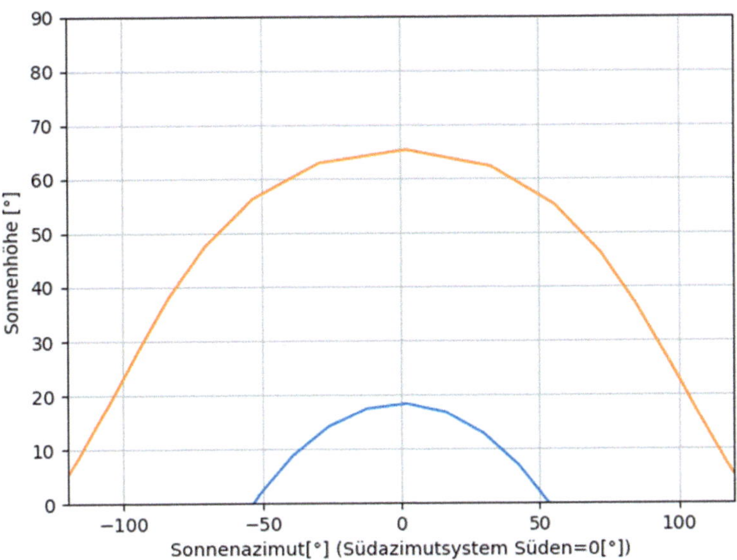

Abb. 3.15 Sonnenbahndiagramm – Sommer – Wintersonnenwende

```python
from pvlib import solarposition
import pandas as pd
import matplotlib.pyplot as plt

#tz='Etc/GMT-1'
tz='Europe/Vienna'
#tz='Europe/Berlin'
lat, lon = 48.21, 16.37

times_1=pd.date_range('2023/12/20','2023/12/21',freq='h',tz=tz)

solpos_1 = solarposition.get_solarposition(times_1, lat, lon)

times_2=pd.date_range('2023/06/20','2023/06/21',freq='h',tz=tz)
solpos_2 = solarposition.get_solarposition(times_2, lat, lon)
time_lables=times_2.strftime("%H")

plt.figure()
plt.xlim(-120,120)
plt.ylim(0,90)
plt.title(r"Sonnenbahndiagramm Datum: 21.06. und 21.12. Standort: Wien")
plt.ylabel(r"Sonnenhöhe [°]")
plt.xlabel(r"Sonnenazimut[°] (Südazimutsystem Süden=0[°])")
plt.plot(solpos_1['azimuth']-180,solpos_1['elevation'])
# Umrechnung von Nordazimutsystem auf Südazimutsystem
plt.plot(solpos_2['azimuth']-180,solpos_2['elevation'])
plt.grid('on')
plt.show()
```

Und dann noch die Sonnenhöhe über das gesamte Jahr für die Mittagszeit und nachmittags (Abb. 3.16).

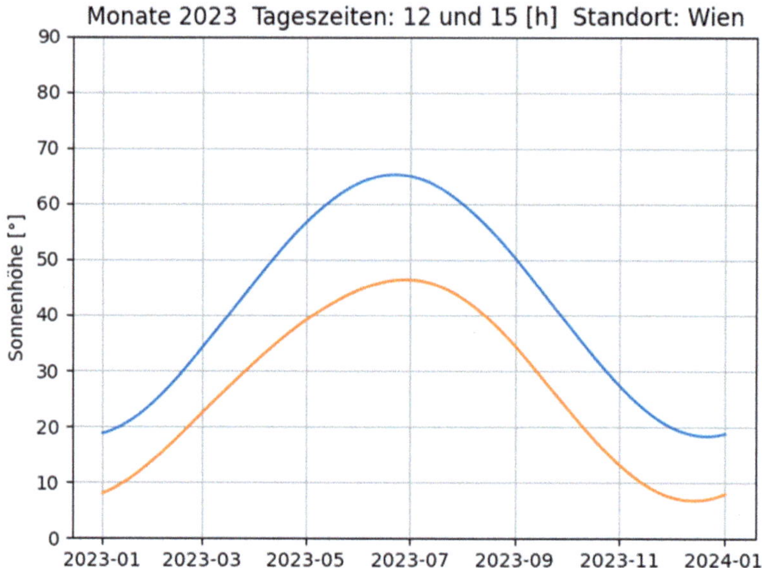


**Abb. 3.16**   Sonnenhöhe übers Jahr

Listing 3.17 Python Code, pvlib, Sonnenhöhe übers Jahr

```python
from pvlib import solarposition
import pandas as pd
import matplotlib.pyplot as plt

# tz='Etc/GMT-1'
tz = 'Europe/Vienna'
# tz='Europe/Berlin'
lat, lon = 48.21, 16.37

dr1 = pd.date_range('2023-01-01 12', '2024-01-01 12', freq='24h', tz=tz)
solpos_1 = solarposition.get_solarposition(dr1, lat, lon)

dr2 = pd.date_range('2023-01-01 15', '2024-01-01 15', freq='24h', tz=tz)
solpos_2 = solarposition.get_solarposition(dr2, lat, lon)

plt.figure()
plt.ylim(0, 90)
plt.title("Monate 2023  Tageszeiten: 12 und 15 [h]  Standort: Wien")
plt.ylabel("Sonnenhöhe [°]")
plt.plot(dr1, solpos_1['elevation'])
plt.plot(dr2, solpos_2['elevation'])
plt.grid()
plt.show()
```

Für die Berechnung der Solarstrahlung auf einen Kollektor mit einer exakten Aus-
richtung nach den vier Himmelsrichtungen bei klarem Himmel benötigen wir eine ganze
Reihe von Parametern und ein Berechnungsmodell für die Abschätzung der spektralen
Bestrahlungsstärke über die Wellenlängen. Wir verwenden das ‚Bird Simple Spectral

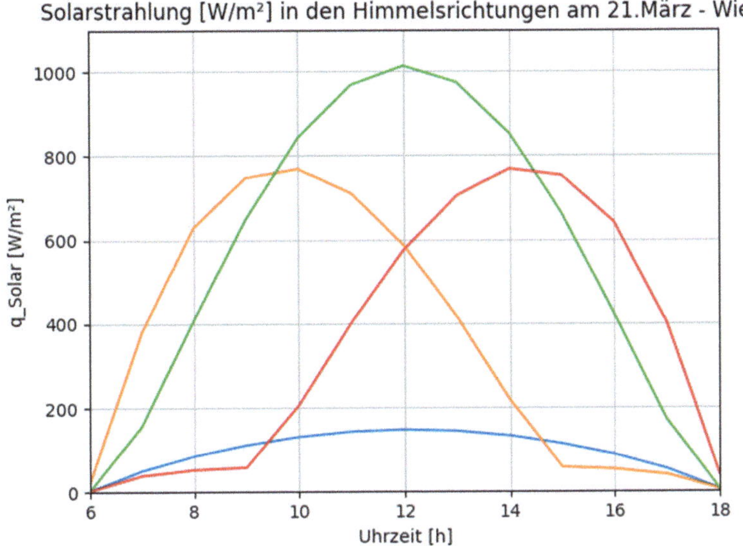


**Abb. 3.17** Solarstrahlung N-O-S-W am 21.März (Tag-Nacht-Gleiche)

Model' und errechnen in weiterer Folge die gesamte Solarstrahlung q_solar in [W/m$^2$] (Abb. 3.17).

Wir benötigen dazu folgende zusätzliche pvlib – Befehle:

```
Spectrum.spectrl2(apparent_zenith,aoi,ground_albedo,surface_pressure,
relative_airmass, precipitable_water, ozone, aerosol_turbidity_500nm)
```

```
apparent_zenith → Solar Zenith Winkel
(ermittelt über solarposition.get_solarposition)
```

```
aoi → Einfallswinkel des Sonnenvektors auf das Panel
(ermittelt   über   irradiance.aoi(Neigungswinkel   des   Kollektors,
Himmelsrichtung, Solar Zenith Winkel, Solar Azimut)
```

```
Ground_albedo → Albedo der Bodenoberfläche (Rückstrahlung des Bo-
dens in der Umgebung des Kollektors)
```

```
Surface_pressure → Luftdruck [Pa]
relative_airmass → relative Luftmasse
(ermittelt über atmosphere.get_relative_airmass(Solar Zenith Win-
kel, model=`kastenyoung1989`))
```

```
precipitable_water → Atmosphärischer Wasserdampfgehalt [cm]
```

```
ozone → Ozongehalt [atm cm]
```

```
aerosol_turbidity_500nm → Aerosoltrübung bei 500 [nm] = tau500
```

Damit können wir über die Returns [`wavelength`] in der Einheit [nm] und [`poa_global`] der gesamten spektralen Bestrahlungsstärke in der Einheit [W/nm / m$^2$] die gesamte Sonneneinstrahlung in [W/m$^2$] errechnen.

Listing 3.18 Python Code, pvlib, Solarstrahlung N-O-S-W am 21.März

```python
from pvlib import spectrum, solarposition, irradiance, atmosphere
import pandas as pd
import matplotlib.pyplot as plt
import numpy as np

# Annahmen für die Berechnungen:
lat = 48.21   # Wien
lon = 16.37   # Wien
tilt = 37     # Neigung Kollektor
azimuth = 0   # exakt Süden = 180 [°]
pressure = 101300   # sea level, roughly
water_vapor_content = 1.5   # cm   Vienna_Univie  März 2020
tau500 = 0.182              #        Vienna_Univie  März 2020
ozone = 0.31   # atm-cm  (Dobson Unit DU/100)
albedo = 0.2   # 0 - 1    Rasen 0.18 - 0.23  Beton verwittert  0.2
# ---------------------
periods = 14
times = pd.date_range('2023-03-21 06:00', freq='h',
                        periods=periods, tz='Etc/GMT-1')
# periods=6 (6-Stunden --> 12, 13, 14, 15, 16, 17 Uhr) wenn Startzeit 12 [h]
solpos = solarposition.get_solarposition(times, lat, lon)
# ----------------------------------------------------------------
plt.figure()
plt.xlim(6, 18)
plt.ylim(0, 1100)
plt.title("Solarstrahlung [W/m²] in den Himmelsrichtungen am 21.März - Wien")
plt.ylabel("q_Solar [W/m²]")
plt.xlabel("Uhrzeit [h]")
plt.grid()
# ----------------------------------------------------------------
for azimuth in range(0, 360, 90):  # Norden, Osten, Süden, Westen
    aoi = irradiance.aoi(tilt, azimuth, solpos.apparent_zenith, solpos.azimuth)
    relative_airmass = atmosphere.get_relative_airmass(solpos.apparent_zenith,
                                    model='kastenyoung1989')
    spectra = spectrum.spectrl2(
        apparent_zenith=solpos.apparent_zenith,
        aoi=aoi,
        surface_tilt=tilt,
        ground_albedo=albedo,
        surface_pressure=pressure,
        relative_airmass=relative_airmass,
        precipitable_water=water_vapor_content,
        ozone=ozone,
        aerosol_turbidity_500nm=tau500)
    # ----------------------------------------------------------------
    del_P = np.zeros(periods)
    del_t = np.arange(6, periods+6)
    x = spectra['wavelength']
    y = spectra['poa_global']
    for j in range(0, periods-1):
        for i in range(0, 120):
            del_x = x[i+1] - x[i]
            del_P[j] += del_x * y[i][j]

    plt.plot(del_t, del_P)

plt.show()
```

Abschließend wollen wir den jeweils optimalen Neigungswinkel eines Kollektors für die Winter- und Sommersonnenwende sowie für den Frühlingsbeginn bestimmen – wieder für alle vier Himmelsrichtungen. Das Optimum wäre ein exakt nach Süden ausgerichteter Kollektor, der steil angestellt ist. Für die Himmelsrichtungen Osten und Westen ist die Energiegewinnung für Winkel von $0° =$ horizontal bis $60°$ nahezu konstant. Die Himmelsrichtung Norden ist nur der vollständigkeitshalber angegeben (Abb. 3.18, 3.19, 3.20).

Listing 3.19 Python Code, pvlib, spez. Solarstrahlung pro Tag als Funktion des Kollektor – Neigungswinkels

```python
from pvlib import spectrum, solarposition, irradiance, atmosphere
import pandas as pd
import matplotlib.pyplot as plt
import numpy as np

# Annahmen für die Berechnungen:
lat = 48.21  # Wien
lon = 16.37  # Wien
pressure = 101300  # sea level, roughly
water_vapor_content = 1.5  # cm  Vienna Univie  März 2020
tau500 = 0.182  # Vienna Univie  März 2020
ozone = 0.31  # atm-cm  (Dobson Unit DU/100)
albedo = 0.2  # 0 - 1  Rasen 0.18 - 0.23  Beton verwittert  0.2
# ----------------------
plt.figure
plt.title('Datum: Wintersonnenwende Standort: Wien')
plt.xlabel('Neigungswinkel Kollektor [°]')
plt.ylabel('Energie [kWh/m²d]')
plt.grid()
# ----------------------
periods = 10
E = np.zeros(90)
tilt_ = np.arange(0, 90)
times = pd.date_range('2023-12-21 08:00', freq='h',
                      periods=periods, tz='Etc/GMT-1')
for azimuth in range(0, 360, 90):  # Norden, Osten, Süden, Westen
    for tilt in range(0, 90):  # Neigung des Kollektors
        solpos = solarposition.get_solarposition(times, lat, lon)
        # ------------------------------------------------------------
        aoi = irradiance.aoi(
            tilt, azimuth, solpos.apparent_zenith, solpos.azimuth)
        relative_airmass = atmosphere.get_relative_airmass(solpos.apparent_zenith,
                                      model='kastenyoung1989')
        spectra = spectrum.spectrl2(
            apparent_zenith=solpos.apparent_zenith,
            aoi=aoi,
            surface_tilt=tilt,
            ground_albedo=albedo,
            surface_pressure=pressure,
            relative_airmass=relative_airmass,
            precipitable_water=water_vapor_content,
            ozone=ozone,
            aerosol_turbidity_500nm=tau500)
        # ------------------------------------------------------------
        E[tilt] = 0
        del_t = np.arange(6, periods+6)
        x = spectra['wavelength']
        y = spectra['poa_global']
        for j in range(0, periods-1):
            for i in range(0, 120):
                del_x = x[i+1] - x[i]
                E[tilt] += del_x * y[i][j]

    plt.plot(tilt_, E/1000)  # [kWh/m²d]

plt.show()
```

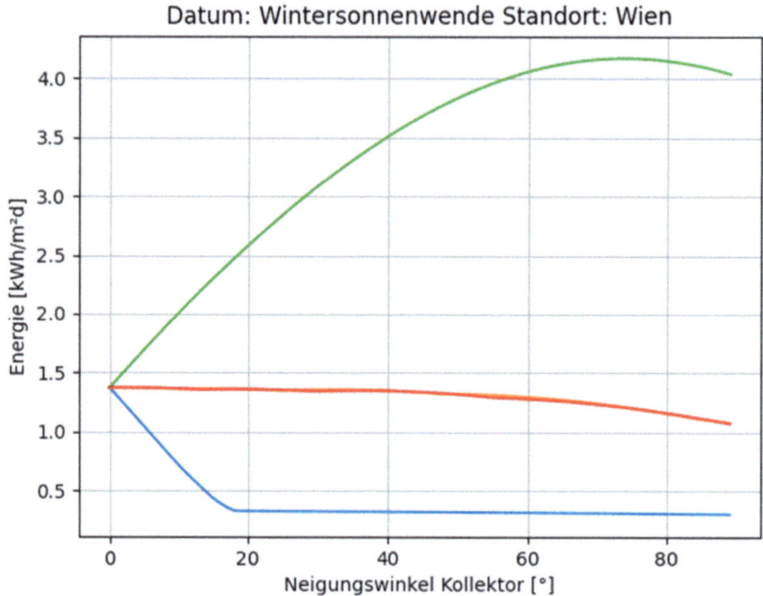


**Abb. 3.18** Sonnenenergie pro Tag als Funktion des Neigungswinkels – Wintersonnenwende

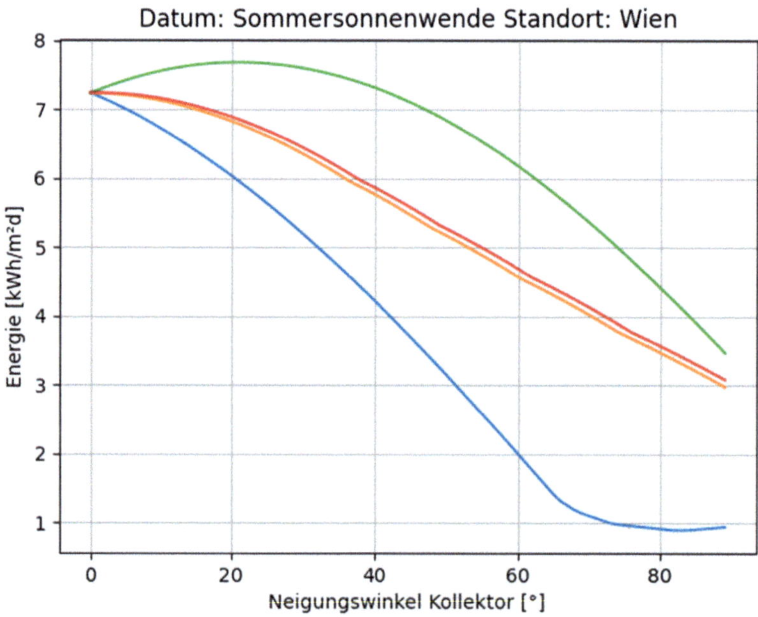


**Abb. 3.19** Sonnenenergie pro Tag als Funktion des Neigungswinkels – Sommersonnenwende

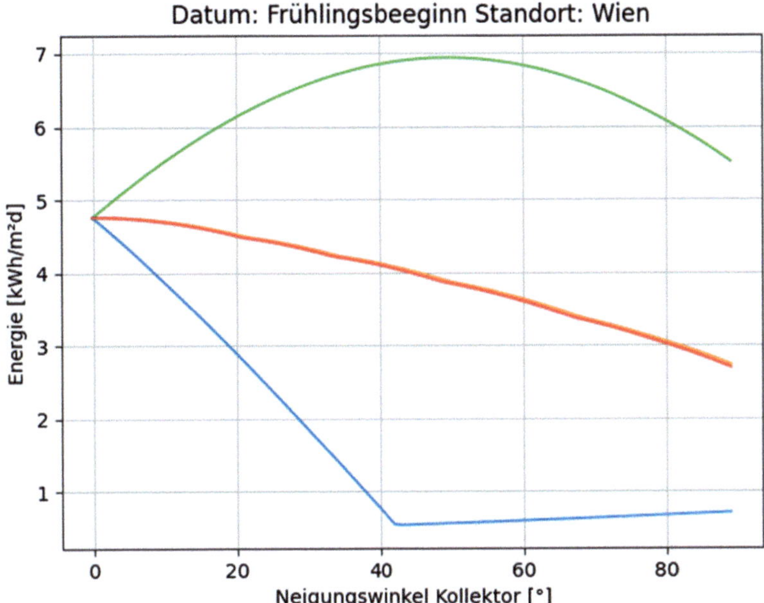


**Abb. 3.20** Sonnenenergie pro Tag als Funktion des Neigungswinkels – Frühlingsbeginn

## 3.7  Verbrennungsrechnung mit Cantera

Cantera ist ein chemisches Rechenprogramm für Reaktionskinetik. Cantera ist eine freie Software und kann für C++, Matlab und Python verwendet werden. Cantera wurde ab 1998 von Dave Goodwin am California Institut of Technology entwickelt. Es besitzt die Funktionalität von ChemKin II. ChemKin ist eine kommerzielle Software die 1980 von den Sandia National Laboratories in Fortan entwickelt wurde. 2014 wurde ChemKin von ANSYS übernommen und ist seitdem Bestandteil der ANSYS FEM-Software.

Eine wichtige Anwendung von Cantera und ChemKin, neben vielen anderen, ist die Ermittlung von NOx bei Verbrennungsvorgängen.

Genau für diese Berechnung von NO als Funktion der Luftüberschusszahl $\lambda$ wollen wir ein Python Programm mit Cantera erstellen.

Wir installieren Cantera mit → pip install cantera.

Datensatz für Hochtemperatur Berechnungen der Luft im Textbasierten YAML Dateiformat. (Yet Another Markup Language)

```
>>> import cantera as ct
>>> gas=ct.Solution('air.yaml')
>>> print(gas.species_names)
    ['O', 'O2', 'N', 'NO', 'NO2', 'N2O', 'N2', 'AR']
```

Datensatz für Wasserstoff / Sauerstoff Reaktionen:

```
>>> gas=ct.Solution('h2o2.yaml')
>>> print(gas.species_names)
    ['H2', 'H', 'O', 'O2', 'OH', 'H2O', 'HO2', 'H2O2', 'AR', 'N2']
```

Und der Datensatz für die Modellierung der Erdgas – Verbrennung.

```
>>> gas=ct.Solution('gri30.yaml')
>>> print(gas.species_names)
    ['H2', 'H', 'O', 'O2', 'OH', 'H2O', 'HO2', 'H2O2', 'C', 'CH', 'CH2', 'CH2
    (S)', 'CH3', 'CH4', 'CO', 'CO2', 'HCO', 'CH2O', 'CH2OH', 'CH3O', 'CH3OH',
    'C2H', 'C2H2', 'C2H3', 'C2H4', 'C2H5', 'C2H6', 'HCCO', 'CH2CO', 'HCCOH',
    'N', 'NH', 'NH2', 'NH3', 'NNH', 'NO', 'NO2', 'N2O', 'HNO', 'CN', 'HCN', '
    H2CN', 'HCNN', 'HCNO', 'HOCN', 'HNCO', 'NCO', 'N2', 'AR', 'C3H7', 'C3H8',
    'CH2CHO', 'CH3CHO']
```

Mit der Klasse Solution können Instanzen erzeugt werden, um z. B. für Gasmischungen verschiedene Arten von Lösungen zu erhalten.

Mit dem Befehl TPY(T,P,'X') können wir eine Gasmischung mit der Temperatur T [K] und dem Druck P [Pa] erzeugen. X steht für die Angabe der Gasmischung in Molanteilen, Y wäre die Angabe in Massenanteilen.

```
>>> import cantera as ct
>>> import numpy as np
>>> gas=ct.Solution('gri30.yaml')
>>> gas.TPX=1598.15,100000,'CO2:0.09,H2:0.03,H2O:0.10,N2:0.55,CO:0.23'
>>> gas()
```

```
  gri30:

        temperature    1598.2 K
           pressure    1e+05 Pa
            density    0.20826 kg/m^3
   mean mol. weight    27.673 kg/kmol
    phase of matter    gas

                          1 kg             1 kmol
                       ---------------   ---------------
           enthalpy    -1.4358e+06       -3.9733e+07   J
    internal energy    -1.916e+06        -5.3021e+07   J
            entropy    9378.5             2.5953e+05   J/K
      Gibbs function   -1.6424e+07       -4.545e+08    J
    heat capacity c_p  1393.8                 38571    J/K
    heat capacity c_v  1093.4                 30257    J/K

                       mass frac. Y     mole frac. X     chem. pot. / RT
                       ---------------   ---------------   ---------------
                 H2    0.0021855              0.03            -22.308
                 H2O   0.0651                 0.1             -47.046
                 CO    0.2328                 0.23            -36.765
                 CO2   0.14313                0.09            -62.547
                 N2    0.55678                0.55            -26.81
    [  +48 minor]      0                      0
```

Damit erhalten wir die thermodynamischen Daten unserer Gasmischung.

Als nächstes wollen wir mit Cantera eine Verbrennungsrechnung für das Abgas eines EAF durchführen. Wir haben die Abgastemperatur, den Normvolumenstrom und die Gaszusammensetzung des über den Krümmer des Elektrolichtbogenofens austretenden Abgases gegeben. Aufgrund des Unterdrucks in der Abgasbehandlungsanlage mit Wärmerückgewinnung saugen wir Falschluft an.

Listing 3.20 Python Code, Cantera, Verbrennungsrechnung – EAF – Abgas

```python
import cantera as ct

pN = 101325   # [Pa]

T_Luft = 60   # [°C]
VN_Luft = 21   # [m³N/s]

T_Gas = 1325   # [°C]
VN_Gas = 12.75   # [m³N/s]

r_CO2 = 0.09   # [Vol.%/100]
r_H2 = 0.03   # [Vol.%/100]
r_H2O = 0.1   # [Vol.%/100]
r_N2 = 0.55   # [Vol.%/100]
r_CO = 0.23   # [Vol.%/100]

Lambda = 2.66   # Luftüberschusszahl
phi__ = 1/Lambda
# ----------------------------------------
T0 = 273.15   # [K] = 0 [°C]

gas = ct.Solution('gri30.yaml')
gas.TPX = T_Luft+T0, pN, 'O2:0.21,N2:0.79'
M_mix_L = gas.mean_molecular_weight
cpN_L = (M_mix_L/22.4) * gas.cp/1000
print('cpN Luft', round(cpN_L, 3), '[kJ/m³N K]')
# -------------------------------------------------------------------
gas_brenn = ct.Solution('gri30.yaml')
gas_brenn.TPX = T_Gas+T0, pN, {'H2': r_H2, 'CO': r_CO, 'CO2': r_CO2,
                               'H2O': r_H2O, 'N2': r_N2}
M_mix_G = gas_brenn.mean_molecular_weight
cpN_G = (M_mix_G/22.4) * gas_brenn.cp/1000
# -------------------------------------------------------------------
T_mix = (VN_Luft*cpN_L*T_Luft+VN_Gas*cpN_G*T_Gas)/((VN_Luft+VN_Gas)*1.5)
# -------------------------------------------------------------------
mix = ct.Solution('gri30.yaml')
mix.TP = T_mix+T0, pN
mix.set_equivalence_ratio(phi__, {'H2': r_H2, 'CO': r_CO, 'CO2': r_CO2,
                                  'H2O': r_H2O, 'N2': r_N2},
                          'O2:0.21,N2:0.79')
mix.equilibrate('HP')
# ------------------------------
print('---Rauchgase---')
print('T_max', int(mix.T-273.15), '[°C]')
M_mix_mix = mix.mean_molecular_weight
print('Molmasse', round(M_mix_mix, 3), '[kg/kmol]')
print('Dichte', round(mix.density, 3), '[kg/m³]')
print('cp', round(mix.cp/1000, 3), '[kJ/kgK]')
cpN_mix = (M_mix_mix/22.4)*mix.cp/1000
print('cpN mix', round(cpN_mix, 3), '[kJ/m³N K]')
# print('dyn.Viskosität',round(mix.viscosity,7),'[Pa s]')
# print('Wärmeleitzahl',round(mix.thermal_conductivity,3),'[W/mK]')
# ------------------------------
print('N2', round(mix.X[mix.species_index('N2')], 3), '[Vol.%/100]')
print('CO2', round(mix.X[mix.species_index('CO2')], 3), '[Vol.%/100]')
print('H2O', round(mix.X[mix.species_index('H2O')], 3), '[Vol.%/100]')
print('O2', round(mix.X[mix.species_index('O2')], 3), '[Vol.%/100]')
```

Wir erhalten die spezifische Wärmekapazität der Verbrennungsluft bezogen auf Normkubikmeter und auf T_max. Sie kann daher nicht für die Wärmetauscher Gleichung verwendet werden. Dort müssen wir die mittlere spezifische Wärmekapazität verwenden. Man kann diese durch eine Integration berechnen.

Der zweite einfachere Weg zu ihrer Ermittlung ist die Berechnung aus der Enthalpie Differenz, diesen werden wir im nächsten Programm beschreiten.

Weiters erhalten wir die adiabate Rauchgastemperatur T_max und als wichtigstes die Abgaszusammensetzung in Raumanteilen. Natürlich wurde dabei die Luftüberschusszahl nicht willkürlich gewählt, sondern im Einklang mit dem Normvolumenstrom der Falschluft bestimmt.

```
Mit den Cantera - Befehlen:
set_equivalence_ratio(phi,fuel,oxidizer)
phi=1 / Luftüberschusszahl
fuel → die Brenngasanalyse in Raumanteilen [Vol.%/100]
oxidizer → bei uns die Verbrennungsluft in Raumanteilen
equilibrate('HP')
das chemische Gleichgewicht der Gasmischung → H - Enthalpie.
                                              P - Druck.

             cpN Luft 1.306 [kJ/m³N K]
             ---Rauchgase---
             T_max 1371 [°C]
             Molmasse 29.872 [kg/kmol
             Dichte 0.221 [kg/m³]
             cp 1.309 [kJ/kgK]
             cpN mix 1.746 [kJ/m³N K]
             N2 0.735 [Vol.%/100]
             CO2 0.127 [Vol.%/100]
             H2O 0.052 [Vol.%/100]
             O2 0.085 [Vol.%/100]
```

Wie bereits erwähnt sind cp und cpN die spezifischen Wärmekapazitäten bei T_max. Sie sind daher nicht direkt in einer Wärmetauscher Gleichung verwendbar.

Das nächste Python – Programm berechnet den Wärmestrom einer Gasmischung und die mittlere spezifische Wärmekapazität, sowie die dynamische Viskosität und die Wärmeleitfähigkeit der Gasmischung. Der chemische Energiestrom wird hier nicht berechnet, er tritt zusätzlich auf, wenn die Gasmischung also bei uns ein EAF – Abgas brennbare Bestandteile ( CO, $H_2$) enthält.

Listing 3.21 Python Code, Cantera, EAF – Abgas, Wärmestrom

```python
import cantera as ct
# ------------------------------------
pN = 101325   # [Pa]
T_Gas = 1280  # [°C]
VN_Gas = 32.1  # [m³N/s] Normvolumenstrom
# ------------------------------------
r_CO2 = 0.127  # [Vol.%/100] Raumanteil
r_H2 = 0.0   # [Vol.%/100]
r_H2O = 0.052  # [Vol.%/100]
r_N2 = 0.735  # [Vol.%/100]
r_CO = 0.0   # [Vol.%/100]
r_O2 = 0.086  # [Vol.%/100]
# ------------------------------------
T0 = 273.15  # [K] = 0 [°C]
# ------------------------------------
print('---Gasmischung---')
gas_brenn = ct.Solution('gri30.yaml')
gas_brenn.TPX = T0, pN, {'H2': r_H2, 'CO': r_CO,
                'CO2': r_CO2, 'H2O': r_H2O, 'N2': r_N2, 'O2': r_O2}
h1 = gas_brenn.h/1000  # [kJ/kg] Enthalpie  T0
rho_N = gas_brenn.density  # [kg/m³N] Normdichte
print('Normdichte', round(rho_N, 3), '[kg/m³]')
gas_brenn.TPX = T_Gas+T0, pN, {'H2': r_H2, 'CO': r_CO,
                'CO2': r_CO2, 'H2O': r_H2O, 'N2': r_N2, 'O2': r_O2}
M_mix_G = gas_brenn.mean_molecular_weight
cpN_G = rho_N * gas_brenn.cp/1000
h2 = gas_brenn.h/1000  # [kJ/kg] Enthalpie T_max
print('cpN max', round(cpN_G, 4), '[kJ/Nm³K]')
print('cpN mittel', round(rho_N * (h2-h1)/T_Gas, 4), '[kJ/Nm³K]')
# -------------------------------------------------------------
print('Molmasse', round(M_mix_G, 3), '[kg/kmol]')
print('Dichte', round(gas_brenn.density, 3), '[kg/m³]')
print('dyn.Viskosität', round(gas_brenn.viscosity, 7), '[Pa s]')
print('Wärmeleitzahl', round(gas_brenn.thermal_conductivity, 3), '[W/mK]')
# -------------------------------------------------------------
print('Wärmestrom - Gasmischung',
        round(((h2-h1) * VN_Gas * rho_N)/1000, 3), '[MW]')
```

```
---Gasmischung---
Normdichte 1.333 [kg/m³]
cpN_max 1.7309 [kJ/Nm³K]
cpN_mittel 1.5641 [kJ/Nm³K]
Molmasse 29.868 [kg/kmol]
Dichte 0.234 [kg/m³]
dyn.Viskosität 5.62e-05 [Pa s]
Wärmeleitzahl 0.103 [W/mK]
Wärmestrom - Gasmischung 64.267 [MW]
```

Dieser Wärmestrom, der den Peak-Wert nach der Nachverbrennung darstellt, sollte auf alle Fälle genutzt werden. Entweder durch die Einspeisung der Abwärme der Abgasbehandlungsanlage in ein Fernwärmesystem, oder durch die Nutzung in einem ORC – Prozess. D. h. wir könnten mit der Abwärme elektrischen Strom erzeugen.

Abschließend wollen wir noch die Cantera Fähigkeit zur Berechnung der NOx Konzentration in einem Verbrennungsprozess nutzen.

Listing 3.22 Python Code, Verbrennungsrechnung NO, CO, O2, T_max als f ( Luftüberschusszahl $\lambda$ ) (nur Listing-Ausschnitt)

```python
import cantera as ct
import numpy as np
import matplotlib.pyplot as plt

gas = ct.Solution('gri30.yaml')
gas.TPX = 273.15, 101325, 'O2:0.21,N2:0.79'
gas_brenn = ct.Solution('gri30.yaml')
gas_brenn = TPX = 273.15, 101325, 'H2:0.5247,CO:0.1482,CO2:0.2981,CH4:0.029'
mix = ct.Solution('gri30.yaml')
# -------------------------------
phi_min = 0.5
phi_max = 2
Lambda_max = 1 / phi_min
Lambda_min = 1 / phi_max
n_max = 101
phi = np.linspace(phi_min, phi_max, n_max)
Lambda = 1 / phi
T_max = np.zeros(n_max)
CO_max = np.zeros(n_max)
H2_max = np.zeros(n_max)
O2_max = np.zeros(n_max)
NO_max = np.zeros(n_max)
# -------------------------------
for i in range(n_max):
    mix.TP = 298.15, 101325
    mix.set_equivalence_ratio(phi[i],
                {'H2': 0.5247, 'CO': 0.1482, 'CO2': 0.2981, 'CH4': 0.029},
                'O2:0.21,N2:0.79')
    mix.equilibrate('HP')
    T_max[i] = mix.T
    CO_max[i] = mix.X[mix.species_index('CO')]
    H2_max[i] = mix.X[mix.species_index('H2')]
    O2_max[i] = mix.X[mix.species_index('O2')]
    NO_max[i] = mix.X[mix.species_index('NO')]
# -------------------------------
plt.figure()
plt.plot(Lambda, T_max-273.15, 'b', linewidth=1.5)
ax = plt.gca()
ax.set_xlim([Lambda_min, Lambda_max])
ax.set_ylim([1000, 2000])
plt.xlabel('Lambda [/]')
plt.ylabel('Temperatur T [°C]')
plt.grid()
plt.title('Adiabate Flammentemp. - Luftüberschusszahl - Diagramm')
# -------------------------------------------------
plt.figure()
plt.plot(Lambda, CO_max*100, 'b', linewidth=1.5)
ax = plt.gca()
ax.set_xlim([Lambda_min, Lambda_max])
ax.set_ylim([0, 25])
plt.xlabel('Lambda [/]')
plt.ylabel('CO - Abgas [Vol%]')
plt.grid()
plt.title('CO - Abgas - Luftüberschusszahl - Diagramm')
# -------------------------------------------------
```

Unsere Berechnungen mit Cantera zeigen deutliche Abweichungen zwischen der idealisierten technischen Verbrennungsberechnung und der genaueren Erfassung des Verbrennungsprozesses mit Cantera (Abb. 3.21, 3.22, 3.23, 3.24, 3.25).

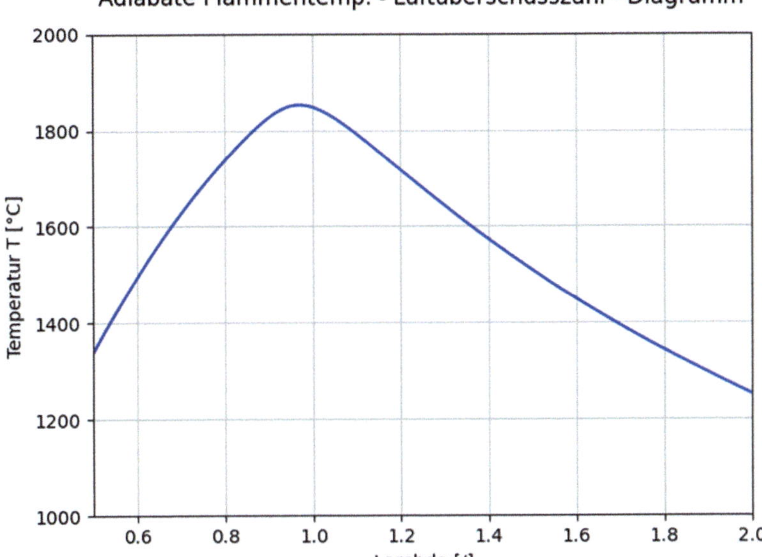



**Abb. 3.21**   T_max des Verbrennungsprozesses als f ( λ )

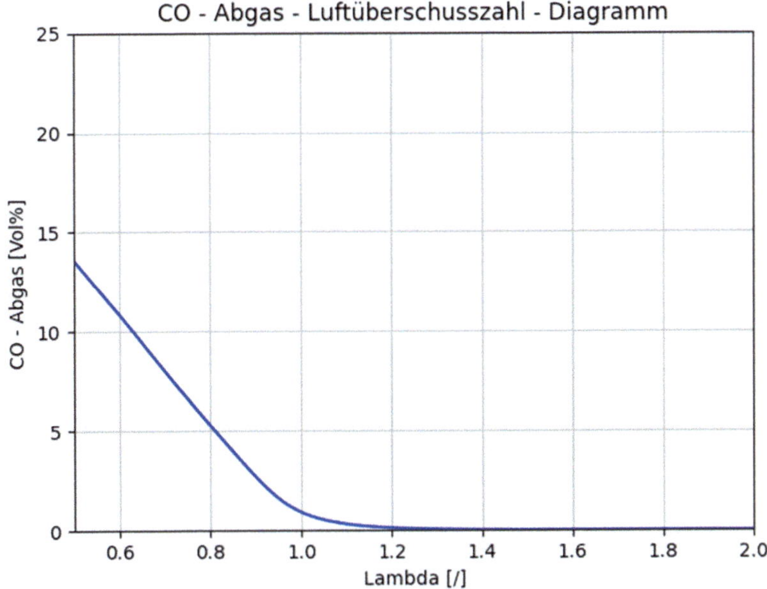



**Abb. 3.22**   CO im Abgas als f ( λ )

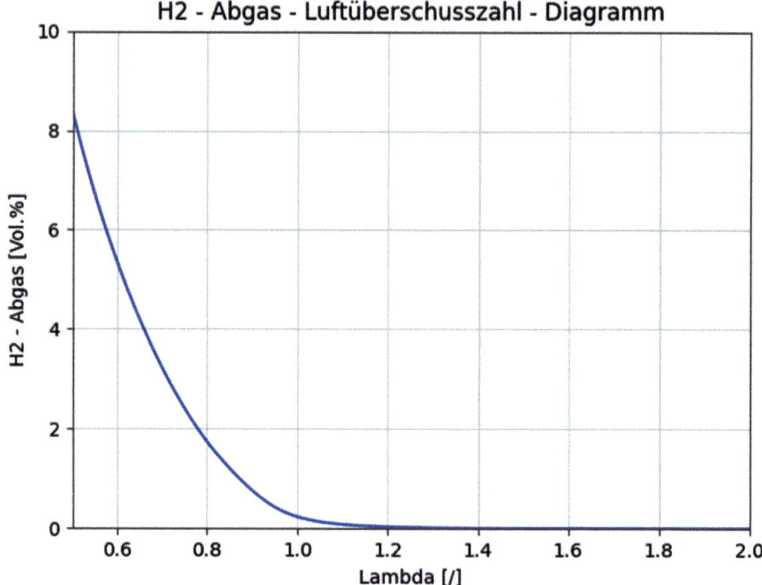


**Abb. 3.23**   $H_2$ im Abgas als f ( $\lambda$ )

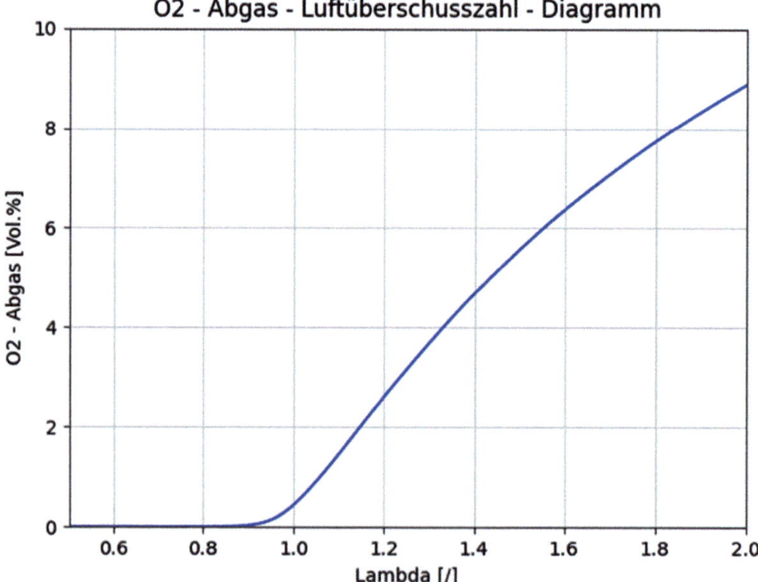


**Abb. 3.24**   $O_2$ im Abgas als f ( $\lambda$ )

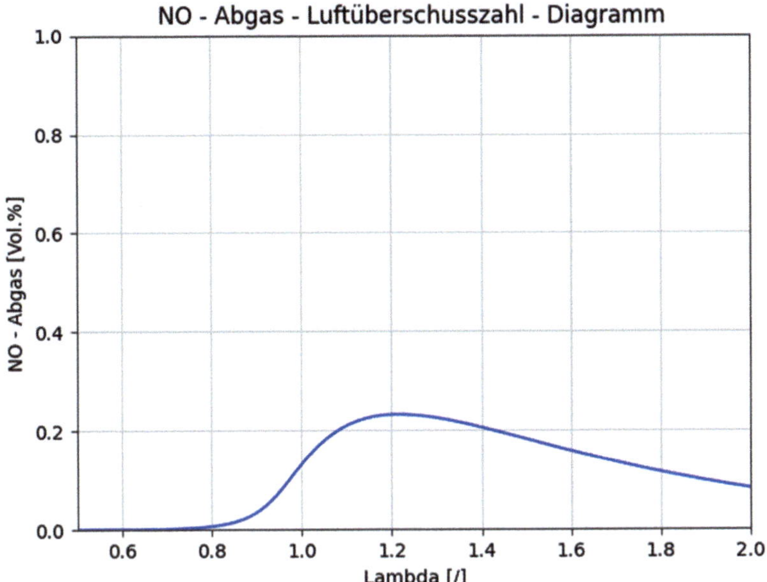


**Abb. 3.25**  NO im Abgas als f ( $\lambda$ )

## 3.8  Wärmetauscher mit Python

Als letztes Kapitel der Python Programme wollen wir ein zeitgemäßes kleines Wärmetauscher Programm für einen einfachen Doppelrohrwärmetauscher erstellen. Zeitgemäß,
weil wir eine GUI, also eine grafische Benutzerschnittstelle erstellen werden und mit Python eine einfache, aber moderne Programmiersprache verwenden. GUI's kamen mit den
Macintosh von Apple 1984 auf den Markt und sind seit 1990 der Standard für PC's. Um
die Wärmetauscher Programme möglichst kompakt zu halten, verwenden wir CoolProp
für die Stoffwerte und ht für die Berechnung der Wärmetauscher. Beide Python Open
Source Erweiterungen kennen wir ja bereits.

### 3.8.1  Einfache Programme mit einer GUI

Von den vielen verschiedenen Python GUI Bibliotheken werden wir Tkinter verwenden.
Es ist in der Python Standard Bibliothek bereits enthalten und einfach zu lernen. Ein
Nachteil von Tkinter ist das etwas altmodische Design. Kivy würde neben Linux, MS
Windows und macOs auch Android unterstützen. Es hat auch ein moderneres Design,
aber es ist schlecht dokumentiert. Weitere Varianten wären PyQT, wxPython, PyGUI (um
nur einige zu nennen). Sie alle müssen aber separat installiert werden.

Tkinter ist die Abkürzung für Tk interface, es ist ein Python Wrapper, also ein verpacktes Stück Software für die Verwendung von Programmteilen einer anderen Programmiersprache, nämlich von Tcl der Open Source Skriptsprache ‚Tool Command Language'. Tk ist in der Programmiersprache C implementiert und Aufrufe von Tk werden in Tcl übersetzt und ausgeführt.

Als erstes erstellen wir mit Tkinter nur ein Fenster. Für weiterführende Details siehe auch: https://docs.python.org/3/library/tkinter.html

In weiterer Folge werden wir Widgets also grafische Komponenten in dieses Fenster einfügen. Widgets ist das Silbenkurzwort aus Wi(ndow) und (Ga)dget.

Listing 3.23 Python Code, GUI – Grundgerippe

```
 1      import tkinter
 2
 3      #----------------------------
 4      def ende():
 5          main.destroy()
 6      #----------------------------
 7
 8      #----------------------------
 9      main=tkinter.Tk()
10      #----------------------------
11
12      #----------------------------
13      main.mainloop()
14      #----------------------------
```

def – Erzeugt eine Funktion in Python.

destroy – ist eine universelle Widget Methode (Abb. 3.26).

Als nächste verwenden wir die Widgets:

**Abb. 3.26**  Kind des primären Windows Fensters

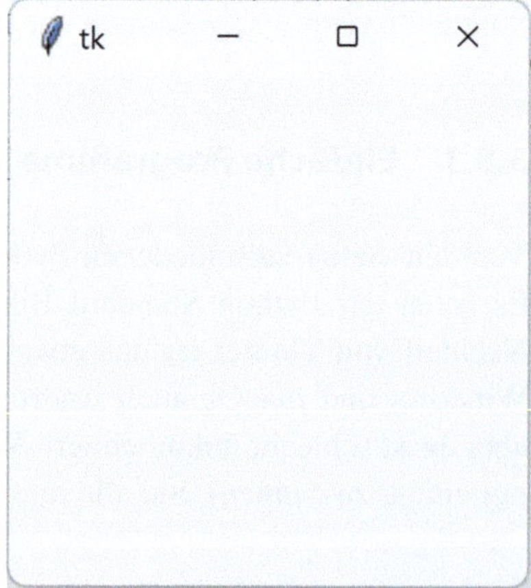

Label() – zeigt Text in einem Fenster an.

Entry() – ein Eingabefeld.

Button () – Erstellen und Verwenden eines Knopfes.

In weiterer Folge verwenden wir dann auch den grid – Manager, um alle Elemente in ein Raster einordnen zu können.

Listing 3.24 Python Code, GUI Eingabefeld mit Text (Abb. 3.27)

```python
import tkinter

# ---------------------------------
def ende():
    main.destroy()
# ---------------------------------


# ---------------------------------
main = tkinter.Tk()
# ---------------------------------
tkinter.Label(main, text='w_m [m/s]').grid(row=0, column=0)
w_m = tkinter.Entry(main)
w_m.grid(row=0, column=1)
tkinter.Label(main, text='mittlere Geschwindigkeit').grid(row=0, column=3)
# ---------------------------------
main.mainloop()
# ---------------------------------
```

Wir erweitern die GUI – Eingabefelder in unserem Fenster für die Berechnung der Reynoldszahl wie in Abb. 3.28 ersichtlich.

Die Eingabe für das Fluid mit den Optionen: Wasser, trockene Luft und Ammoniak müssen wir dann noch in eine für CoolProp geeignete Form übersetzten, um mit der mittleren Fluidtemperatur und dem Druck des Fluids als Parameter die kinematische

**Abb. 3.27**  Eingabefeld für w_m



**Abb. 3.28**  Eingabefenster für die Berechnung der Reynoldszahl

Viskosität zu bestimmen. Abschießend berechnen wir die Reynoldszahl. Aktivierung mithilfe des Bottons – Berechnen (Abb. 3.29).

Listing 3.25 Python Code, Berechnung der Reynoldszahl – GUI

```python
import tkinter
import CoolProp.CoolProp as CP
# ------------------------------
def ende():
    main.destroy()
# ------------------------------
# --Funktion zum Berechnen u. Ausgeben
def berechnen():
    try:
        w = float(w_m.get())
        d = float(d_hydr.get())
        T = float(T_m.get()) + 275.15   # [K]
        p = float(p_m.get()) * 10**5    # [Pa]
        Fluid = Fluid_.get()
        # ------------------------------
        if Fluid == 'Wasser':
            Fluid = 'Water'
        elif Fluid == 'tr.Luft':
            Fluid = 'Air'
        elif Fluid == 'NH3':
            Fluid = 'Ammonia'
        # --Berechnung der Reynoldszahl
        nue = round(CP.PropsSI('V', 'T', T, 'P', p, Fluid) /
                CP.PropsSI('D', 'T', T, 'P', p, Fluid), 10)
        Re = int(w * d / nue)
        output.config(text=f'Re={Re} nue={nue}[m²/s]')
    except:
        output.config(text='Bitte Zahl eingeben oder richtiges Fluid.')
# ------------------------------#
main = tkinter.Tk()
# ------------------------------#
tkinter.Label(main, text='w_m [m/s]').grid(row=0, column=0)
w_m = tkinter.Entry(main)
w_m.grid(row=0, column=1)
tkinter.Label(main, text='mittlere Geschwindigkeit').grid(row=0, column=2)
tkinter.Label(main, text='d_hydr [m]').grid(row=1, column=0)
d_hydr = tkinter.Entry(main)
d_hydr.grid(row=1, column=1)
tkinter.Label(main, text='hydraulischer Durchmesser').grid(row=1, column=2)
tkinter.Label(main, text='T_m [°C]').grid(row=2, column=0)
T_m = tkinter.Entry(main)
T_m.grid(row=2, column=1)
tkinter.Label(main, text='mittlere Temperatur des Fluides').grid(
    row=2, column=2)
tkinter.Label(main, text='p_m [bar]').grid(row=3, column=0)
p_m = tkinter.Entry(main)
p_m.grid(row=3, column=1)
tkinter.Label(main, text='mittlerer Druck des Fluides').grid(row=3, column=2)
tkinter.Label(main, text='Fluid').grid(row=4, column=0)
Fluid_ = tkinter.Entry(main)
Fluid_.grid(row=4, column=1)
tkinter.Label(main, text='Wasser, tr.Luft, NH3').grid(row=4, column=2)
# ------------------------------
# --Ausgabe-Label
output = tkinter.Label(main, text='Reynoldszahl:')
output.grid(row=6, column=0)
# --Berechnungs u. Ausgabe-Button
tkinter.Button(main, text='Berechnen', command=berechnen).grid(row=5, column=0)
# --Ende-Button
tkinter.Button(main, text='Ende', command=ende).grid(row=7, column=0)
# ------------------------------#
main.mainloop()
# ------------------------------#
```

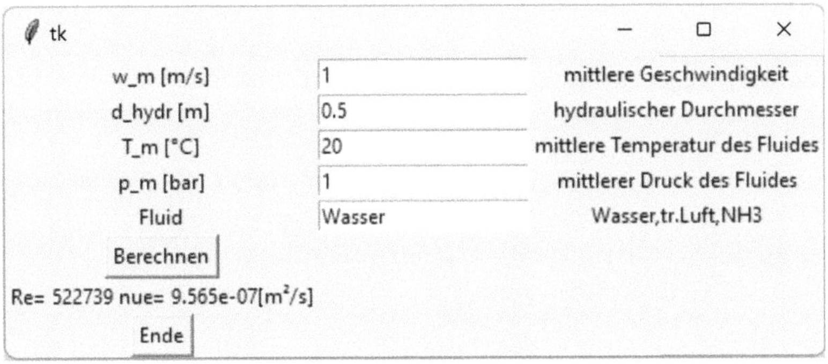

**Abb. 3.29**  GUI – Reynoldszahl

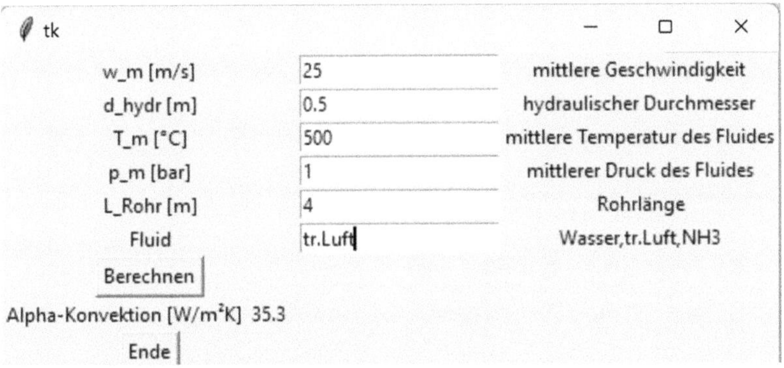

**Abb. 3.30**  GUI – Wärmeübergangszahl – Rohr

Als nächstes Programm die Berechnung der Wärmeübergangszahl für eine Kanal-strömung. Jeweils für Wasser, trockene Luft oder Ammoniak (Abb. 3.30).

Listing 3.26 Python Code, GUI– Konvektion – Rohr (Ausschnitt)

```python
import tkinter
import CoolProp.CoolProp as CP
from math import log10
# ----------------------------
def ende():
    main.destroy()
# ----------------------------
# --Funktion zum Berechnen u. Ausgeben
def berechnen():
    try:
        w = float(w_m.get())              # [m/s]
        d = float(d_hydr.get())           # [m]
        T = float(T_m.get()) + 275.15     # [K]
        p = float(p_m.get()) * 10**5      # [Pa]
        L = float(L_.get())               # [m]
        Fluid = Fluid_.get()
        # ----------------------------
        if Fluid == 'Wasser':
            Fluid = 'Water'
        elif Fluid == 'tr.Luft':
            Fluid = 'Air'
        elif Fluid == 'NH3':
            Fluid = 'Ammonia'
        # --Berechnung der Reynoldszahl
        nue = round(CP.PropsSI('V', 'T', T, 'P', p, Fluid) /
                    CP.PropsSI('D', 'T', T, 'P', p, Fluid), 10)
        Re = int(w * d / nue)
        # --Berechnung Wärmeleitfähigkeit u. Prandtlzahl
        Pr = round(CP.PropsSI('PRANDTL', 'T', T, 'P', p, Fluid), 5)
        Lambda = round(CP.PropsSI('L', 'T', T, 'P', p, Fluid), 5)
        # --Berechnung der Wärmeübergangszahl - Kanalströmung turbulent
        zeta = (1.8 * log10(Re) - 1.5)**(-2)
        div = 1 + 12.7 * (zeta/8)**0.5 * (Pr**(2/3) - 1)
        Nu = (zeta/8) * Re * Pr/div * (1 + (d/L)**(2/3))
        a_konv = Nu * Lambda / d
        a_konv = round(a_konv, 1)
        output.config(text=f'Alpha-Konvektion [W/m²K]  {a_konv}')
    except:
        output.config(text='Bitte Zahl eingeben oder richtiges Fluid.')
```

Das Listing der Reynoldszahl muss nur um die Eingabe von L_Rohr, die Funktion log10 und natürlich den Berechnungsteil ergänzt werden.

Mit dem nächsten GUI – Programm berechnen wir die mittlere logarithmische Temperaturdifferenz, exakt für einen Gleichstrom- oder Gegenstrom-Wärmetauscher. Bei einem Kreuzstrom- Wärmetauscher ist dies nur ein grober Näherungswert.

Der jeweilige Temperaturverlauf wird vereinfacht linear dargestellt (Abb. 3.31).

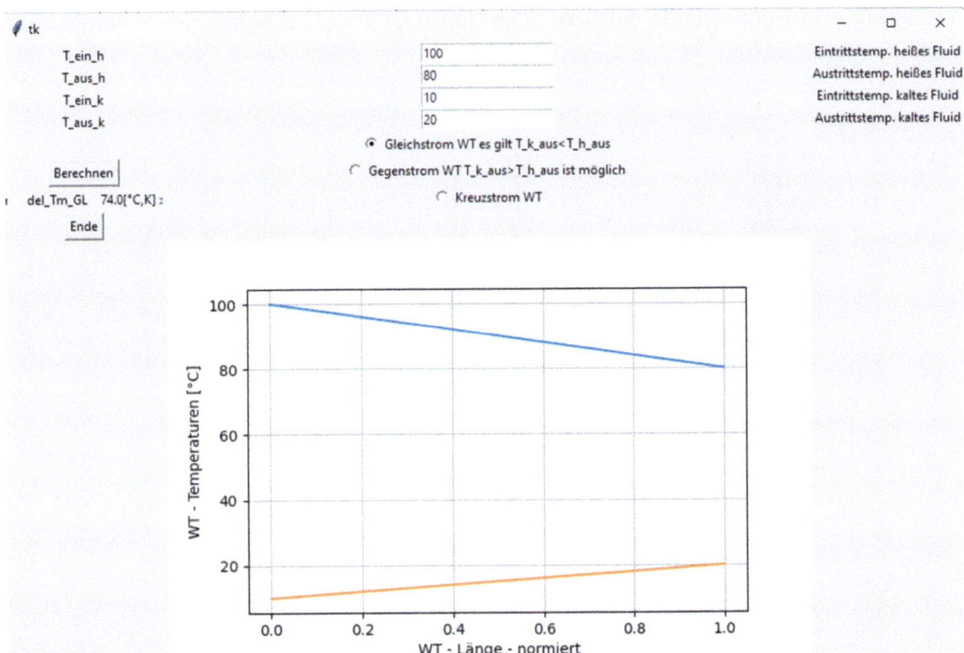


**Abb. 3.31**   $\Delta$Tm und vereinfachte Temperaturverläufe

Listing 3.27 Python Code, mittlere logarithmische Temperaturdifferenz – Temperaturverläufe (vereinfacht)

```python
52    # ------------------------------#
53    main = tk.Tk()
54    # ------------------------------#'
55    tk.Label(main, text='T_ein_h').grid(row=0, column=0)
56    tk.Label(main, text='T_aus_h').grid(row=1, column=0)
57    tk.Label(main, text='T_ein_k').grid(row=2, column=0)
58    tk.Label(main, text='T_aus_k').grid(row=3, column=0)
59
60    tk.Label(main, text='Eintrittstemp. heißes Fluid').grid(row=0, column=2)
61    tk.Label(main, text='Austrittstemp. heißes Fluid').grid(row=1, column=2)
62    tk.Label(main, text='Eintrittstemp. kaltes Fluid').grid(row=2, column=2)
63    tk.Label(main, text='Austrittstemp. kaltes Fluid').grid(row=3, column=2)
64    # einzeiliges Eingabefeld
65    T_eh = tk.Entry(main)
66    T_ah = tk.Entry(main)
67    T_ek = tk.Entry(main)
68    T_ak = tk.Entry(main)
69
70    T_eh.grid(row=0, column=1)
71    T_ah.grid(row=1, column=1)
72    T_ek.grid(row=2, column=1)
73    T_ak.grid(row=3, column=1)
74    # Gruppe von Radio - Buttons
75    # Widget Variable
76    Typ = tk.StringVar()
77    Typ.set('Gleichstrom')
78    rb1 = tk.Radiobutton(main, text='Gleichstrom WT es gilt T_k_aus<T_h_aus',
79                         variable=Typ, value='Gleichstrom')
80    rb1.grid(row=4, column=1)
81    rb2 = tk.Radiobutton(main, text='Gegenstrom WT T_k_aus>T_h_aus ist möglich',
82                         variable=Typ, value='Gegenstrom')
83    rb2.grid(row=5, column=1)
84    rb3 = tk.Radiobutton(main, text='Kreuzstrom WT', variable=Typ,
85                         value='Kreuzstrom')
86    rb3.grid(row=6, column=1)
87    # ----------Start Diagramm------------------
88    fig = Figure(figsize=(6, 4), facecolor='white')
89    canvas = FigureCanvasTkAgg(fig, master=main)
90    canvas._tkcanvas.grid(row=8, column=1)
91    # --Ausgabe-Label
92    output = tk.Label(main, text='mittlere log. Temp.differenz:')
93    output.grid(row=6, column=0)
94    # --Berechnungs u. Ausgabe-Button
95    tk.Button(main, text='Berechnen', command=berechnen).grid(row=5, column=0)
96    # --Ende-Button
97    tk.Button(main, text='Ende', command=ende).grid(row=7, column=0)
98    # ------------------------#
99    main.mainloop()
100   # ------------------------#
101
```

## 3.8.2   Doppelrohr-Wärmetauscher

Berechnungsprogramm für einen Doppelrohr-Wärmetauscher sowohl als Gegenstrom- als auch als Gleichstromwärmetauscher.

Mit Berechnung der Längen der Wärmetauscher und des Innenrohres. Vor allem aber mit der Berechnung der exakten Temperaturverläufe (Abb. 3.32, 3.33).

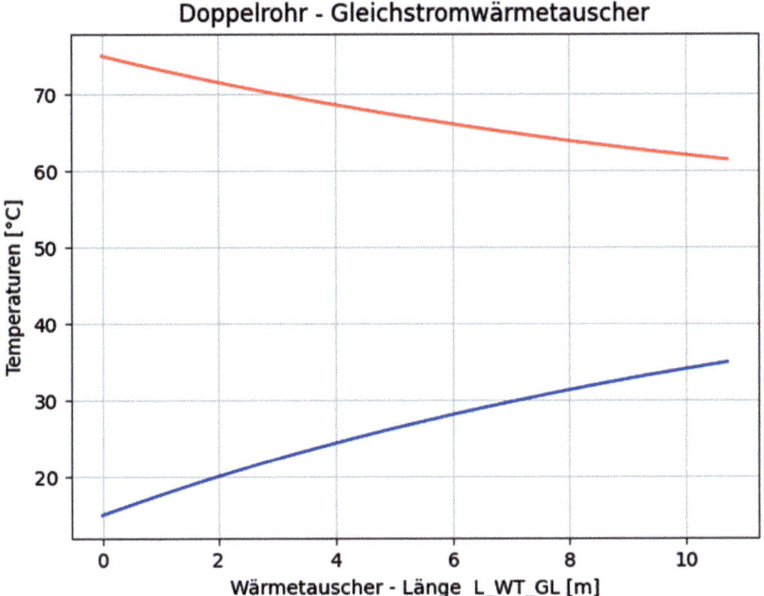


**Abb. 3.32** Temperaturverläufe – Gleichstrom  – Wärmetauscher

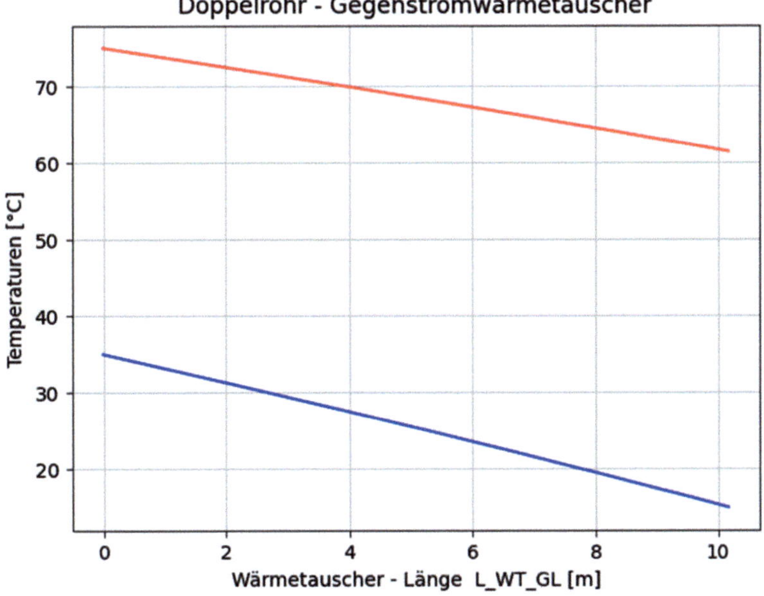


**Abb. 3.33** Temperaturverläufe – Gegenstrom  – Wärmetauscher

Listing 3.28 Python Code, Doppelrohr – WT, T-Verläufe

```python
73     d_a = d_i + 2*s/1000
74     print('d_a', round(d_a*1000, 2), '[mm]')
75     # -------------------------------------------------------
76     L_GL = A_WT_GL/(pi*d_a)
77     print('L_GL', round(L_GL, 2), '[m]')
78     L_GG = A_WT_GG/(pi*d_a)
79     print('L_GG', round(L_GG, 2), '[m]')
80     # -------------------------------------------------------
81     C_w = rho_w * cp_w * V_w/1000   # [J/Ks]
82     print('C_w', round(C_w/1000, 3), '[kJ/Ks]')
83     C_k = rho_k * cp_k * V_k/1000   # Wärmekapazitätsstrom
84     print('C_k', round(C_k/1000, 3), '[kJ/Ks]')
85     # ---------------GL - WT ---------------------------------
86     mue_GL = 1/C_k + 1/C_w
87     T_w_x = np.zeros(101)
88     T_k_x = np.zeros(101)
89     x = np.linspace(0, 100 * L_GL/100, 101)
90     for i in range(0, 100):
91         k = (1-exp(-k_WT*mue_GL*x[i]*pi*d_a))
92         T_w_x[i] = T_w_ein-C_k/(C_k+C_w)*(T_w_ein-T_k_ein)*k
93         T_k_x[i] = T_k_ein+C_w/(C_k+C_w)*(T_w_ein-T_k_ein)*k
94     T_w_x[100] = T_w_aus
95     T_k_x[100] = T_k_aus
96     plt.figure()
97     plt.title('Doppelrohr - Gleichstromwärmetauscher')
98     plt.xlabel('Wärmetauscher - Länge  L_WT_GL [m]')
99     plt.ylabel('Temperaturen [°C]')
100    plt.plot(x, T_w_x, 'red')
101    plt.plot(x, T_k_x, 'blue')
102    plt.grid()
103    plt.show()
104    # ---------------GG  Wärmetauscher ----------------------
105    mue_GG = -1/C_k+1/C_w
106    T_GG_w_x = np.zeros(101)
107    T_GG_k_x = np.zeros(101)
108    x_GG = np.linspace(0, 100 * L_GG/100, 101)
109    for i in range(0, 100):
110        k = (1-exp(-k_WT*mue_GG*x_GG[i]*pi*d_a))
111        T_GG_w_x[i] = T_w_ein-1/(mue_GG*C_w)*(T_w_ein-T_k_aus)*k
112        T_GG_k_x[i] = T_k_aus-1/(mue_GG*C_k)*(T_w_ein-T_k_aus)*k
113    T_GG_w_x[100] = T_w_aus
114    T_GG_k_x[100] = T_k_ein
115    plt.figure()
116    plt.title('Doppelrohr - Gegenstromwärmetauscher')
117    plt.xlabel('Wärmetauscher - Länge  L_WT_GL [m]')
118    plt.ylabel('Temperaturen [°C]')
119    plt.plot(x_GG, T_GG_w_x, 'red')
120    plt.plot(x_GG, T_GG_k_x, 'blue')
121    plt.grid()
122    plt.show()
123
```

```
rho_k 997.05 [kg/m³]
cp_k 4.181 [kJ/kgK]
Q_k 41.69 [kW]
rho_w_Start 997.05 [kg/m³]
cp_w_Start 4.181 [kJ/kgK]
T_w_aus_Start 61.4 [°C]
rho_w 997.05 [kg/m³]
cp_w 4.181 [kJ/kgK]
T_w_aus 61.4 [°C]
del_Tm_GL 41.0 [°C, K]
del_Tm_GG 43.1 [°C, K]
A_WT_GL 1.02 [m²]
A_WT_GG 0.97 [m²]
A_quer_i 0.0005 [m²]
A_quer_a 0.00033 [m²]
d_i 25.23 [mm]
d_a 30.23 [mm]
L_GL 10.72 [m]
L_GG 10.17 [m]
C_w 3.075 [kJ/Ks]
C_k 2.084 [kJ/Ks]
```

Mit einer umfangreichen Liste von Ergebnissen.

### 3.8.3  Doppelrohr– Wärmetauscher mit einer GUI

Die einzelnen Berechnungsblätter dieser Demoversion können unabhängig voneinander verwendet werden. D. h. man ist aber auch selbst für das richtige Zusammenspiel zwischen Fluidgeschwindigkeit, Durchmesser und Massenstrom der Fluide über die Kontinuitätsgleichung verantwortlich. Ebenso für die richtigen Werte der mittleren Fluidtemperaturen.

Am besten beginnt man mit einem Schätzwert der Wärmedurchgangszahl für den Doppelrohrwärmetauscher und verfeinert dann die Berechnung mit einer Nachrechnung der Wärmedurchgangszahl über die genaue Berechnung der beiden Wärmeübergangszahlen.

Da trotz dieses vereinfachten Ansatzes der Berechnung ohne automatisierte Iterationen die Länge des GUI – Programms schon bei über 300 Programmzeilen liegt, wurde auf einem Abdruck des Listings im Buch verzichtet (Abb. 3.34, 3.35, 3.36, 3.37, 3.38).

```
{'Cmax': 151.03526645406308,
 'Cmin': 2.2940894127602314,
 'Cr': 0.015189097663213457,
 'NTU': 2.013930073978879,
 'Q': 1605.862588932162,
 'Tci': 40.0,
 'Tco': 50.632368364249416,
 'Thi': 850.0,
 'Tho': 150.0,
 'UA': 4.6201363489812,
 'effectiveness': 0.8641975308641975}
====Startwerte============
UA 4 [W/K]
Tco 50.6 [°C]
Q 1.61 [kW]
Epsilon 0.864 [/]
====erste Iteration=============
UA 4 [W/K]
Tco 50.6 [°C]
Q 1.61 [kW]
Epsilon 0.864 [/]
A_WT 0.308 [m²]
V_h 4.66222328289345 [L/s]
V_c 137.10053231878638 [L/s]
d_i 35.5 [mm]
D_a 103.8 [mm]
L_WT 2.48 [m]
```



**Abb. 3.34**  GUI – Wärmeübergangszahl – Rohr innen

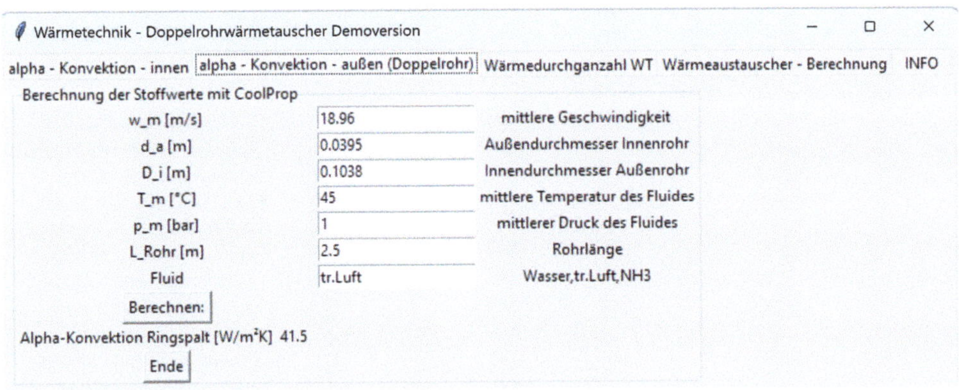


**Abb. 3.35**   GUI – Wärmeübergangszahl – Ringraum



**Abb. 3.36**   GUI – Wärmedurchgangszahl mit Fouling

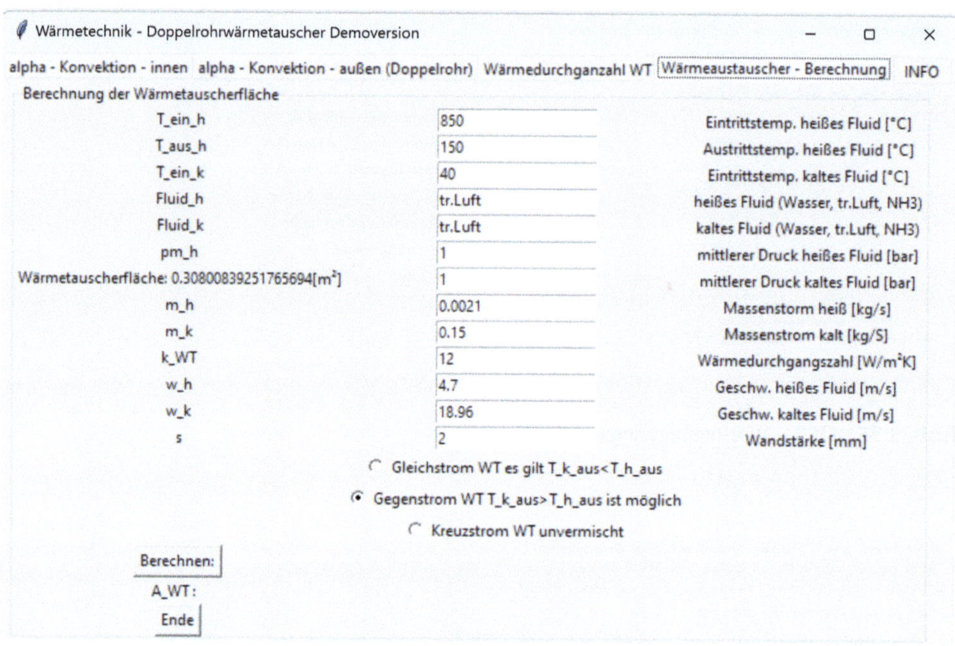

**Abb. 3.37** GUI – Wärmetauscher – Berechnung

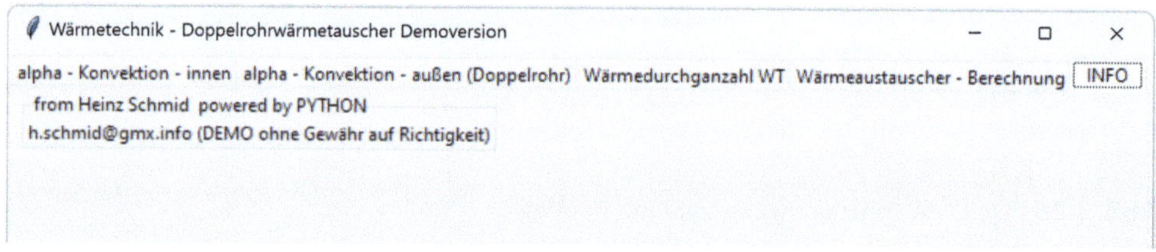

**Abb. 3.38** Info – Demoversion – Doppelrohrwärmetauscher

# Anhang A: LITERATUR

## Thermodynamik – Wärmeübertragung


| [1] | W. Bertis | Übungsbeispiele aus der Wärmelehre, Fachbuchverlag Leipzig im Carl Hanser Verlag, 20. Auflage, 1996 |
|---|---|---|
| [2] | Yunus A. Cengel | Introduction to Thermodynamics and Heat Transfer, McGraw Hill, 1997 |
| [3] | Joachim Dohmann | Thermodynamik der Kälteanlagen und Wärmepumpen, Springer Vieweg, 2016 |
| [4] | W. Gretler, F. Kailbauer, H. Schmid | Wärmeübertragung – Aufgabensammlung TU – Graz, 1990 |
| [5] | Heinz Herwig Tammo Wenterodt | Entropie für Ingenieure, Vieweg + Teubner, 2012 |
| [6] | Hoyt C. Hottel Adel F. Sarofim | Radiative Transfer, McGraw-Hill Book Company, 1967 |
| [7] | J.H. Lienhard IV J.H. Lienhard V | A Heat Transfer Textbook, Phlogiston Press, Cambridge Massachusetts, Fifth Edition, 2020 |
| [8] | Rudi Marek Klaus Nitsche | Praxis der Wärmeübertragung Hanser 2007 |
| [9] | Ulrich Müller, Peter Ehrhard | Freie Konvektion und Wärmeübertragung C.F.Müller Verlag, 1999 |
| [10] | Ernst-Ulrich Schlünder Holger Martin | Einführung in die Wärmeübertragung Springer – Vieweg, 1995, 8. Auflage |
| [11] | Verein Deutscher Ingenieure | VDI – Wärmeatlas, Berechnungsblätter für den Wärmeübergang, VDI – Springer Verlag, 8. Auflage, 1997 |
| [12] | Gernot H. Weber | Thermodynamik in der Klima-, Heizungs-, Kältetechnik, C.F.Müller, 1991 |

## Energietechnik – Umwelttechnik


| [13] | Louis D. Albright, Francis M. Vanek, Largus T. Angenent, Michael W. Ellis, David A. Dillard | Energy Systems Engineering Evaluation and Implementation McGraw Hill, 2022, Fourth Edition |
|------|------|------|
| [14] | Cordin Arpagaus | Hochtemperatur – Wärmepumpen, VDE Verlag, 2023 |
| [15] | Peter von Böckh Matthias Stripf | Thermische Energiesysteme, Springer Vieweg, 2018 |
| [16] | Christina J. Hopfe Robert S. McLeod | The Passivhaus Designer's Manual, Routledge, Taylor & Francis Group, 2015 |
| [17] | John Houghton | Globale Erwärmung, Fakten, Gefahren und Lösungswege, Springer-Verlag, 1998 |
| [18] | HoSung Lee | Thermal Design, John Wiley & Sons, 2010 |
| [19] | Othmar Humm | Niedrig Energie Häuser – Theorie und Praxis, Ökobuch – Staufen bei Freiburg, 1991, 2. Auflage |
| [20] | Peter Kausch Martin Bertau Jens Gutzmer Jörg Matschullat | Energie und Rohstoffe Gestaltung unserer nachhaltigen Zukunft Spektrum Akademischer Verlag, Heidelberg 2011 |
| [21] | Nikolai V. Khartchenko | Thermische Solaranlagen, Springer, 1995 |
| [22] | Nikolai V. Khartchenko | Umweltschonende Energietechnik, Vogel, Kamprath-Reihe, 1997 |
| [23] | Nikolai V. Khartchenko Vadym M Khartchenko | Advanced Energy Systems, CRC Press, Taylor & Francis Group, 2014, Second Edition |
| [24] | Gerhard Reich Marcus Reppich | Regenerative Energietechnik, Springer Vieweg, 2. Auflage, 2018 |
| [25] | Friedrich Reinmuth | Energieeinsparung in der Gebäudetechnik, Vogel, Kamprath – Reihe, 1994 |
| [26] | Khaled Sallam, Shubham Srivastava | An Introduction to Combustion with Applications Using Cantera Cambridge Scholars Publishing, 2023 |
| [27] | Hans Joachim Schellnhuber | Selbstverbrennung – Die fatale Dreiecksbeziehung zwischen Klima, Mensch und Kohlenstoff, C. Bertelsmann, 2015 |
| [28] | Thomas Schmidt | Wasserstofftechnik, Hanser, 2020 |
| [29] | Karl Schwister | Taschenbuch der Umwelttechnik, Hanser, 2010 |

## Python



| [30] | Caleb Bell | Ht: Heat transfer component of Chemical Engineering Design Library (ChEDL) 2016–2023 https://github.com/CalebBell/ht |
|------|------------|---|
| [31] | Ian H. Bell<br>Jorrit Wronski<br>Sylvain Quoilin<br>Vincent Lemort | Pure and Pseudo-pure Fluid Thermophysical Property Evaluation the Open-Source Thermophysical Property Library CoolProp    http://www.coolprop.org/ Industrial&Engineering Chemistry Research Vol.53 Nr.6 /2498–2508, 2015 |
| [32] | Bhaskar Chaudhary | Tkinter GUI Application Development Blueprints PACKT PUBLISHING 2015 |
| [33] | Alexandre Devert | matplotlib Plotting Cookbook PACKT PUBLISHING 2014 |
| [34] | David G. Goodwin<br>Harry K. Moffat<br>Ingmar Schoegl<br>Raymond L. Speth<br>Bryan W. Weber | Cantera: An object-oriented software toolkit for chemical kinetics, thermodynamics, and transport processes www.cantera.org   2022 Version 2.6.0.  doi: 10.5281/zenodo.6387882 |
| [35] | Ivan Idris | NumPy, Packt Publishing, 2013, Second Edition |
| [36] | William F. Holmgren<br>Clifford W. Hansen<br>Mark A. Mikofski | pvlib python: a python package for modeling solar systems Journal of Open Source Software, 3(29),884, 2018 https://doi.org/10.21105/joss.00884 |
| [37] | Ronan Lamy | SymPy Starter PACKT PUBLISHING 2013 |
| [38] | Hans Petter Langtangen<br>Anders Logg | Solving PDEs in Python The FEniCS Tutorial I |
| [39] | Christopher Martin<br>Joseph Ranalli<br>Jacob Moore | PYroMat: A Python package for thermodynamic properties. Journal of Open Source Software, 7(79),4757, 2022 https://doi.org/10.21105/joss.04757 |
| [40] | Burkhard A. Meier | Python GUI Programming Cookbook PACKT PUBLISHING 2017 Second edition |
| [41] | Alan D. Moore<br>B. M. Harwani | Python GUI Programming – A Complete Reference Guide 2019 PACKT PUBLISHING 2019 |
| [42] | Michael Weigend | Python GE-PACKT mitp-Verlag 2017 7.Auflage |

## EXCEL

| [43] | Uwe Feuerriegel | Wärmeübertragung mit EXCEL und VBA<br>Springer Vieweg 2021 |
|---|---|---|
| [44] | Heinz Schmid | EXCEL mit VBA in der Wärmetechnik<br>VDE Verlag  2013 2.Auflage |
| [45] | Felix Zumstein | Python für EXCEL<br>O'REILLY  2022<br>(deutsche Ausgabe) |

## FORTRAN

| [46] | J. Alan Adams<br>David F. Rogers | Computer-Aided Heat Transfer Analysis<br>McGRAW-HILL  1973 |
|---|---|---|
| [47] | Tuner Cebeci<br>Peter Bradshaw | Physical and Computational Aspects of Convective Heat Transfer<br>Springer 1988 |
| [48] | A.D. Gosman<br>B.E. Launder<br>G.J. Reece | Computer-Aided Engineering heat transfer and fluid flow<br>ELLIS HORWOOD LIMITED 1985 |
| [49] | Hilbert Schenck | FORTAN Methods in Heat Flow<br>The Ronald Press Company 1963 |

| [50] | Wikipedia –<br>Die freie<br>Enzyklopädie | http://de.wikipedia.org<br>http://en.wikipedia.org |
|---|---|---|

## Verwendete Python – Bibliotheken

| Matplotlib<br>3.7.2  2023 | 2003 | von John D. Hunter u. Michael Droettboom (mit Pyplot kann ein MATLAB ähnlicher Interface verwendet werden) |
|---|---|---|
| NumPy<br>1.25.1 2023 | 2005 | Von Jim Hugunin u. Travis Oliphant (für die einfache Handhabung von Vektoren, Matrizen u. Arrays. Bietet auch Funktionen für numerische Berechnungen) |
| Pandas<br>2.0.3 2023 | 2008 | Von Wes McKinney, J.Brock Mendel, Joris Van den Bossche (Programmbibliothek zur Verarbeitung, Analyse u. Darstellung von Daten) |
| SciPy<br>1.9.2 2022 | 2001 | Von Travis Oliphant, Pearu Peterson, Eric Jones (Optimierung, Interpolation, Integration, ODE solvers, FFT, lineare Algebra usw.) |

| SymPy 1.12. 2023 | 2007 | Von Aaron Meurer, Community-Projekt (für symbolisch-mathematische Berechnungen, Basissystem umfasst 260.000 Zeilen Code) |
| --- | --- | --- |
| Tkinter | | Tk von John Ousterhout in Berkeley 1991, Tkinter von Steen Lumholt u. Guido van Rossum. ( tkinter ‚Tk interface' ist das Standard Tcl/Tk GUI toolkit. GUI's wurden erstmals von Xerox PARC 1973 für den Alto personal computer entwickelt.) |

# Anhang B: Chronologie der für uns relevanten Programmiersprachen

| | | |
|---|---|---|
| 1948 | Assembler | Nathaniel Rochester für IBM701 (Betriebssysteme wurden bis 1961 in Assembler geschrieben) |
| 1954 | FORTAN | John W. Backus Chefentwickler bei IBM (1957 war der Compiler marktreif für die IBM 704) |
| 1964 | BASIC | John G. Kemeny, Thomas E. Kurtz, Mary Kenneth Keller am Dartmouth College (auf einem GE-225 Computer von General Electric. Ende der 1970 Anfang der 1980 Jahre Höhepunkt der Anwendung auf den ersten Heimcomputern Commodore, Atari, Apple, Texas Instrument und anderen.) |
| 1969 bis 1973 | C | Dennis Ritchie bei Bell Laboratories (für das UNIX-Kernel auf der PDP-11 von Digital Equipment Corporation) |
| 1979 | C++ | Bjarne Stroustrup bei AT&T |
| 1991 | Python | Guido van Rossum am Centrum Wiskunde & Informatica |
| 1995 | VBA | Skriptsprache von Microsoft aus Visual Basic (1991) abgeleitet |
| 2001 | C# | Chefentwickler Anders Hejlsberg bei Microsoft |
| 2023 | Python 3.12 | Wir verwenden in diesem Buch Python 3.10 um alle für die Wärmetechnik relevanten Module verwenden zu können |

# Anhang C: Chronologie der Thermodynamik

## Ca: Physiker, Mathematiker, Ingenieure, u. Ärzte

| | | |
|---|---|---|
| 1642–1726 | Isaac Newton Astronom, Physiker, Mathematiker | Er beschäftigte sich unter anderem mit Wärme und stellte ein Gesetz für die Abkühlung fester Körper an der Luft auf. Er definierte die Viskosität einer idealen Flüssigkeit und legte damit den Grundstein zur mathemaischen Erfassung des Verhaltens von Fluiden |
| 1701– 1744 | Anders Celsius Astronom, Physiker, Mathematiker | Thermometerysystem und Temperaturskala, bei einem Druck von 760 [mm] Quecksilbersäule. Schlug vor diese Temperaturskala als universelle Skala zum Vergleich in der ganzen Welt zu verwenden |
| 1768 –1830 | Joseph Fourier Physiker, Mathematiker | 1807 Untersuchungen zur Wärmeausbreitung in Festkörpern (als Werk herausgegeben 1822). 1820 Berechnungen zur Sonnenstrahlung. 1824 Erkennen des Einflusses der Atmosphäre – Allgemeines zum Treibhauseffekt |
| 1796– 1832 | Nicolas L. S Carnot Physiker, Ingenieur | Begründet die Thermodnamik mit einer theoretischen Betrachtung der Dampfmaschine. Carnots Ausführungen regten Kelvin zu seiner Temperaturskala an und Clausius zum 2.HS. der mechanischen Wärmelehre |
| 1814– 1878 | Robert Mayer Arzt | Formulierte 1842 den 1. HS. der Thermodynamik. Bewegungsenergie kann in Wärmeenergie übergeführt werden |
| 1818– 1889 | James Prescott Joule Physiker, Bierbrauer, Technik | Kam von technischen Fragen des Maschinenbaus hin zu naturwissenschaftlichen Fragen. Joule-Apparat zur Bestimmung des Wärmeäquivalents. Joule-Prozess Joule–Thomson Effekt. Ein Gas das sich ungestört ausdehnen kann, kühlt sich ab |

© Der/die Herausgeber bzw. der/die Autor(en), exklusiv lizenziert an Springer-Verlag GmbH, DE, ein Teil von Springer Nature 2024
H. Schmid, *Python und SMath in der Wärmetechnik*,
https://doi.org/10.1007/978-3-662-70230-7

| | | |
|---|---|---|
| 1820–1872 | William J.M Rankine Physiker, Ingenieur | Einer der Begründer der Thermodynamik. Er prägte die Ausdrücke potenzielle und kinetische Energie |
| 1821–1894 | Hermann von Helmholtz Arzt, Physiologe, Physiker | Formulierte das Energieerhaltungsgesetz endgültig aus. 1847 Über die Erhaltung der Kraft. Prägte 1882 den Begriff der freien Energie. Bei der Thermodynamik chemischer Vorgänge. Er erlaubt eine Vorhersage, ob eine Reaktion möglich ist. Gibbs–Helmholtz-Gleichung |
| 1822–1888 | Rudolf Clausius Physiker | Ab 1850 mechanische Wärmetheorie Formulierung von $dU = dQ + dW$. 1865 $dS = dQ/T$ Entdecker des 2. HS. der Thermodynamik. Schöpfer des Begriffs Entropie. Ein Perpetuum mobile der 2. Art ist nicht möglich. Ausgangspunkt war die Arbeitsweise von Dampfmaschinen |
| 1824–1907 | William Thomson, Lord Kelvin Physiker | 1848 Kelvin-Temepraturskala. Austausch mit Joule und Stokes. 1852 Joule–Thomson-Effekt |
| 1824–1887 | Gustav R Kirchhoff Physiker | Unter anderem Aufstellung des Kirchhoffschen Strahlungsgesetzes für die Wärmestrahlung |
| 1826 1893 | Franz Grashof Ingenieur | Kennzahl in der Strömungslehre |
| 1835–1893 | Joseph Stefan Physiker, Mathematiker | 1879 Aufstellung des Strahlungsgesetzes aus Messungen. Ermittelte als erster die Temperatur der Sonne |
| 1842–1912 | Osborne Reynolds Mathematiker, Ingenieur | Unter anderem Studien über die Wärmeübertragung zwischen Festkörpern und Fluiden. Innovator auf dem Gebiet der Fluid Dynamik |
| 1844–1906 | Ludwig Bolzmann Physiker, Philosoph | Student von Stefan. Von ihm stammt die theoretische Formulierung des Strahlungsgesetztes. Einführung der statistischen Mechanik in die Thermodynamik |
| 1858–1947 | Max Planck Physiker Nobelpreis 1919 | 1900 Strahlung schwarzer Körper. Die Wärmestrahlung führte über das Konzept des schwarzen Körpers zur Quantenmechanik Weiterentwicklung der Entropie. Begründer der Quantenmechanik |
| 1863–1935 | Richard Mollier Physiker, Ingenieur | Erforschung physikalischer Daten für die Wärmelehre besonders Wasser, Wasserdampf und feuchte Luft. Alle Diagramme mit einer Enthalpie-Achse werden als Mollier-Diagramme bezeichnet |

| 1864–<br>1928 | Wilhelm<br>Wien<br>Physiker<br>Nobelpreis 1911 | Umfangreiche Untersuchungen zur Wärmestrahlung. 1893 Wienersches Strahlungsgesetz $\lambda_{max}T = konst$ |
|---|---|---|
| 1875–<br>1953 | Ludwig<br>Prandtl<br>Ingenieur | 1904 Grenzschichttheorie in der Strömungsmechanik<br>1910 turbulente Strömungen |
| 1882–<br>1957 | Wilhelm<br>Nußelt<br>Ingenieur, Physiker | Veröffentlichungen zur Wärmeübertragung |
| 1904–<br>1972 | Zoran<br>Rant<br>Ingenieur | Einführung der Begriffe Exergie u. Anergie in die Thermodynamik |

## Cb: Erfinder, Ingenieure u. Unternehmer

| 1647–<br>1713 | Denis Papin | Erste funktionierende Wärmekraftmaschine 1690. Zylinder mit etwas Wasser u. ein bewegter Kolben. Zylinder von außen abwechselnd erwärmt und abgekühlt |
|---|---|---|
| 1663–<br>1729 | Thomas Newcomen | Atmosphärische Dampfmaschine zur Wasserhaltung in Bergwerken. Wassereinspritzung um Wasserdampf im Zylinder zu kühlen. (1 % Wirkungsgrad) |
| 1736–<br>1819 | James Watt | Verbesserung des Wirkungsgrades der Dampfmaschine durch Verlagerung der Kondensation in einen separaten Wärmetauscher den Kondensator. (3 % Wirkungsgrad) |
| 1766–<br>1849 | Jacob Perkins | 1823 Dampfheizung<br>1827 Gleichstromdampfmaschine (frischer Dampf wird getrennt vom Abdampf eingelassen)<br>1831 Warmwasserheizung<br>1834 Kühlgerät (Äther in Kühlschlangensysteme) |
| 1790–<br>1878 | Robert<br>Stirling | 1816 Patent einer Heißluftmaschine<br>1818 Verwirklichung der Maschine als Wasserpumpe im Bergbau<br>1843 Motor mit 34 [kW] und einem Wirkungsgrad von 18 % und damit rund dreimal besser als der Wirkungsgrad der damaligen Dampfmaschinen |
| 1802–<br>1855 | John Gorrie | Erfinder der ersten Kaltluftmaschine zum Kühlen von Räumen. 1851 Patent auf eine Eismaschine |

| | | |
|---|---|---|
| 1811–1872 | Peter von Rittinger | 1856 Prinzip der Wärmepumpe erkannt und in allen österreichischen Salinen zur Salzgewinnung eingesetzt |
| 1822–1900 | Etienne Lenoir | Entwickelte 1858 den ersten funktionstüchtigen Stationärmotor. 1859 zum ersten brauchbaren Gasmotor |
| 1832–1891 | Nicolaus Otto | 1862 erste Experiment mit Viertaktmotoren<br>1863 seine erste Gaskraftmaschine<br>1864 Gründung der ersten Motorenfabrik der Welt<br>1867 Flugkolben-Gasmotor mit einem dreifach höheren Wirkungsgrad als der Motor von Lenoir<br>1876 Viertaktgasmotor<br>1884 elektrische Zündung |
| 1833–1895 | Eugen Langen | Maßgeblich beteiligt an der Entwicklung des Ottomotors. Gemeinsame Gründung der Motorenfabrik mit Otto |
| 1842–1934 | Carl von Linde | Entwicklung einer Kältemaschine zur Eisproduktion für Brauereien. Sie ist die Grundlage der heutigen Kühlschränke. Pionier der Tieftemperaturtechnik – Luft Verflüssigung in großem Maßstab. Gründer des Linde Konzerns |
| 1858–1913 | Rudolf Diesel | Hörte 1878 Vorlesungen bei Carl Linde. 1892 Patent auf eine ‚Neue rationelle Wärmekraftmaschine'. Nach der Theorie des idealen Kreisprozesses von Sadi Carnot. 1893 zweites Patent mit Gleichdruck-Prozess. 1894 lief der Motor das erste Mal aus eigener Kraft. 1897 Fertigstellung des ersten funktionstüchtigen Modells dieses Motors. (Wirkungsgrad 26,2 %) |

# Anhang D: Chronologie der Forschungsgeschichte des Klimawandels

| | | |
|---|---|---|
| 1824 | Joseph Fourier<br>Physiker, Mathematiker | Beschreibt den Einfluss der Atmosphäre auf die globalen Temperaturen<br>Prägt den Begriff Treibhauseffekt |
| 1850 | | Instrumentelle Temperaturaufzeichnung beginnt |
| 1856 | Eunice Newton Foote<br>Erfinderin, Forscherin | Stellt Unterschiede in der Fähigkeit von $CO_2$ und $H_2O$ Wärme zurückzuhalten fest. Erste Rückschlüsse auf die Atmosphäre |
| 1859 | John Tyndall<br>Naturwissenschaftler | Beschreibt das Blockieren von Infrarot durch $CO_2$ |
| 1896 | Svante Arrhenius<br>Physiker, Chemiker<br>(1903 Nobelpreis für Chemie) | Berechnet die Erwärmung durch die Verdoppelung von $CO_2$ in der Atmosphäre |
| 1956 | Gibert Plass<br>Physiker | Verwendete als erster Computer zur Berechnung der zu erwartenden Erwärmung |
| 1960 | Charles Keeling<br>Chemiker | Beginn der systematischen Messungen des $CO_2$ Gehalts in der Atmosphäre<br>(Keeling – Kurve) |
| 1964 | | Nimbus-Programm (US-amerikanische Wettersatelliten) über 30 Jahre Daten zu globalen Temperaturen u. Konzentrationen von Treibhausgasen ($CO_2$, $CH_4$, $N_2O$) |
| 2000 | Hans Schellnhuber<br>Physiker | Erkannte und berechnete als einer der ersten Kippelemente im Klimasystem |


H. Schmid, *Python und SMath in der Wärmetechnik*,
https://doi.org/10.1007/978-3-662-70230-7